普通高等教育“十四五”规划教材

Web 前端开发基础
（HTML+CSS+JavaScript）

鲍小忠◎主　编
陈　晖　单圣琦◎副主编

中国铁道出版社有限公司
CHINA RAILWAY PUBLISHING HOUSE CO., LTD.

内容简介

本书主要以 HTML、CSS 和 JavaScript 三部分来介绍前端开发，按照由浅入深的方式列举，是常见、常用和实际开发的基础。

全书共 14 章：第 1~3 章介绍 HTML，主要是基础和常用标签，为后面学习打好基础；第 4~6 章介绍 CSS，以样式选择器为主，重点学习三大核心；第 7~8 章介绍 HTML 5 和 CSS 3 新特性，建立在基础 HTML 和 CSS 上，方便开发人员在实际工作中更快上手；第 9~11 章学习 JavaScript，以语句、函数和对象为主；第 12~13 章学习 JavaScript DOM 和 BOM，是 JavaScript 真正实现页面交互的核心；第 14 章学习 jQuery，本质上是一个 JavaScript 库，封装了开发人员在实际工作中经常会用到的功能。

本书适合作为高等学校相关专业的教材，也可供前端开发初学者参考。

图书在版编目（CIP）数据

Web 前端开发基础：HTML+CSS+JavaScript/鲍小忠主编. —北京：中国铁道出版社有限公司，2021.6（2024.5 重印）
普通高等教育“十四五”规划教材
ISBN 978-7-113-28256-1

Ⅰ.①W… Ⅱ.①鲍… Ⅲ.①超文本标记语言-程序设计-高等学校-教材 ②网页制作工具-高等学校-教材 ③JAVA 语言-程序设计-高等学校-教材 Ⅳ.①TP312.8 ②TP393.092.2

中国版本图书馆 CIP 数据核字(2021)第 162503 号

书　　名：Web 前端开发基础（HTML+CSS+JavaScript）
作　　者：鲍小忠

策　　划：汪　敏　　　　编辑部电话：（010）51873135
责任编辑：汪　敏　包　宁
封面设计：郑春鹏
责任校对：苗　丹
责任印制：樊启鹏

出版发行：中国铁道出版社有限公司（100054，北京市西城区右安门西街 8 号）
网　　址：https://www.tdpress.com/51eds/
印　　刷：三河市兴达印务有限公司
版　　次：2021 年 6 月第 1 版　2024 年 5 月第 3 次印刷
开　　本：787 mm×1 092 mm　1/16　印张：12.5　字数：295 千
书　　号：ISBN 978-7-113-28256-1
定　　价：35.00 元

前言

随着互联网的高速发展和移动设备的快速普及，移动端呈现指数式增长，“触网”几乎成为全民时代的一个共性。而在网络世界中，网页（PC端和移动端）的所见即所得影响着用户的浏览选择，甚至决定了网站在用户中的喜爱度，可见网页的重要性。与网页关系最密切的是前端开发，前端开发人员以及前端教材就显得尤为重要，其中前端开发教材起着桥梁作用，是准前端开发人员学习的重要渠道。

目前有关前端开发的学习资料，包括纸质书籍和电子资料随处可见，其中大部分一味追求强大开发的特点，让读者很难扎实地掌握所学内容。编写一本能让读者真正学到东西，并且可运用到日后实际开发工作中的前端教材非常必要。

本书是编写团队结合多年教学反馈、网络最新前端知识和实际开发需求等方面的内容编写而成。全书从零开始讲解前端开发，在列举知识点时，几乎都有相对应的案例做进一步阐述，让读者尽可能掌握每个知识点，打好学习基础。

作为入门级的前端开发教材，本书涵盖HTML、CSS、JavaScript和jQuery等知识点，共分为14章，按四部分来编写。第一部分由第1~3章和第7章组成，从最基本的网站网页，到HTML简介特点，再到常用标签和高级标签，从而达到对HTML的基本认识；第二部分由第4~6章和第8章组成，是在HTML基础上介绍CSS，从通过CSS美化HTML标签开始学习，列举基本和复合选择器，以及网页中的字体、文本和背景等基础设置，最后讲解CSS三大核心盒子模型、浮动和定位；第三部分由第9~13章组成，是前端开发中最关键的一部分，在前面HTML和CSS的基础上，JavaScript可实现网页的功能，本书从基础简介和使用开始讲解，到命名规则、变量使用、数据类型、条件语句和函数对象，再到后面高阶的DOM和BOM，利用这两个对象模型能帮助开发人员实现更多、更复杂的功能，特别是网页动画特效；第四部分是第14章jQuery，尽管篇幅和章节都很少，却是实际开发过程中用得最多，也是一定要学会的，jQuery是JavaScript库，能把大部分用户想实现的功能封装起来，以便直接调用。

本书由浙江理工大学科技与艺术学院鲍小忠任主编，主要负责组织编制教材编写大纲、统稿和定稿。陈晖、单圣琦任副主编，三人共同完成全书各章节的编写工作。本书的编写工作在浙江理工大学科技与艺术学院计算机科学与技术学科（一流学科B）建设经费资助下得以顺利完成，在此，深表谢意!

本书主要面向前端初学者，尤其是刚开始接触前端的入门者，也适合为前端夯实基础的学者。如在学习过程中有任何关于前端的问题，或者想和我们交流有关前端的知识点，都可以通过邮箱b_xzh@163.com联系我们。

由于编者水平和能力有限，在编写过程中难免存在疏漏和不足之处，恳请读者批评指正。

编　者
2021年5月

目录

第1章 HTML基础

学习目标

1. 了解网站和网页
2. 了解 HTML 简介
3. 了解 HTML 注释

1.1 网站和网页

网站和网页的关系，确切地说是前者包含着后者，网站是由一个个网页构成的，日常通过浏览器访问网站的形式就是通过网页，而网站则是网页的集合。

1. 网站

网站（Website）是用户通过浏览设备访问的页面，浏览设备包括计算机端浏览器、手机端浏览器等，而网站的开发则由专业技术人员完成。

网站是一个大的整体，由一个个网页组合而成，用户通过访问网页的形式来访问网站，比如百度就是一个具体的网站。

2. 网页

网页（Web Page）是网站的组成部分，一个网站由许多个网页构建而成，用户通过浏览器访问网站上的网页，而网页则是由一系列 HTML 标签组成的文件，比如访问百度网站的首页 https://www.baidu.com/，那么这个页面就是一个网页。

3. 网页标准

网页标准（Web 标准）是为了保证用户在任何浏览环境下都能正常访问网页而制定的一套标准。

网页标准由三部分内容组成，分别是结构（Structure）、表现（Presentation）和行为（Behavior），其中结构由结构化标准语言 HTML、表现标准化语言 CSS 和行为标准化语言 JavaScript 分别来书写，最后按标准写到一个个网页中。

网页开发人员遵循网页标准有如下优势：

（1）用户能在不同设备上正常访问网页内容。

（2）降低网页的开发和维护成本。

（3）网页结构、样式和行为相分离，有利于代码管理。

1.2 HTML简介

学习 HTML 应从下面三个部分入手，即 HTML 的定义、HTML 的语法和 HTML 的结构，这也是学习后面高级知识点的基础。

1. HTML 的定义

HTML（HyperText Markup Language，超文本标记语言），是一种标记语言（Markup Language），而非编程语言（Programming Language）。

HTML 是用一系列标签组成的一个超文本文件，它包括文字、表格、特殊符号、图片、声音和视频等内容，也可以从一个文件链接到另一个文件，实现超链接功能。

在实际开发过程中，用 HTML 开发的网页往往称为 HTML 文件，而一个 HTML 文件就代表一个网页。

例 1-1 第一个网页.html。

```
<!DOCTYPE html>
<html lang="en">
<head>
    <meta charset="UTF-8">
    <meta http-equiv="X-UA-Compatible" content="IE=edge">
    <meta name="viewport" content="width=device-width, initial-scale=1.0">
    <title>第一个网页</title>
</head>
<body>
</body>
</html>
```

例1-1　第一个网页.html

2. HTML 的语法

HTML 的基本语法是规定网页开发的一套语法，是网页标准的具体体现，例 1-1 就是一个最基础的 HTML 文件，其中语法要求如下：

（1）HTML 标签是由一对尖括号包围的关键词，比如<html></html>、<head></head>。

（2）HTML 标签分为双标签和单标签，大部分都是双标签，单标签比较少，比如
。

（3）任何一个 HTML 标签都有开始和结束，双标签第一个是开始标签，比如<title>，第二个是结束标签，比如</title>，而单标签以反斜杠“/”结束，比如<hr />。

常用单标签和双标签汇总见表 1-1。

表 1-1 HTML 标签分类表

标签类别	标签内容
单标签	<meta />、 、<hr />、<img />、<input />
双标签	<html>、<head>、<title>、<body>、<h1>、<p>、<div>、<span>、<a>、<strong>、<em>、<ul>、<ol>、<dl>、<li>、<table>、<tr>、<td>

3. HTML 的结构

HTML 的基本结构也就是 HTML 文件的组成轮廓、框架结构，本质是由一系列 HTML 标签组成的文件，而不同标签代表着不同的作用，以例 1-1 为例进行说明。

（1）<!DOCTYPE html>（Document Type）是文档类型声明，加上关键词 html 生成一个单标签，写在一个文档的最前面，告知解析网页的浏览器用哪个 HTML 版本，这里声明的是 HTML 5 标准网页。

```
<!DOCTYPE html>
```

（2）<html lang="en">（Language）是声明当前文档的解析语言，en 代表英文，还有 zh-CN 代表中文，但不论写哪种语言，对于网页解析的意义并不大，很多时候与搜索引擎有一定关系。

```
<html lang="en">
```

（3）<meta charset="UTF-8">（Character Set）是告知浏览器网页是用哪种字符来编码的，如果没有就会导致页面出现乱码。常用的值有 GB2312（简体中文）、BIG5（繁体中文）、GBK（国标，即简体中文和繁体中文）、UTF-8（万国码），万国码是比较通用的一种写法。

```
<meta charset="UTF-8">
```

（4）<meta http-equiv="X-UA-Compatible" content="IE=edge">，meta 是关于页面的一些信息，http-equiv 属性和 content 属性值一一对应，这行代码要告知解析网页的浏览器，必须以最高级别（IE=edge）的模式来显示内容。

```
<meta http-equiv="X-UA-Compatible" content="IE=edge">
```

（5）<meta name="viewport" content="width=device-width, initial-scale=1.0">，viewport 是设备屏幕上用来显示网页的区域，这里的设备包括计算机、手机和平板等硬件设备，content 是内容部分，这行代码是告知显示网页的宽度，即用户设备的屏幕宽度（满屏）。

```
<meta name="viewport" content="width=device-width, initial-scale=1.0">
```

（6）网页中主要 HTML 标签说明见表 1-2。

表 1-2 主要 HTML 标签

标签	定义	作用
<html></html>	整个文档	规定文档的开始和结束位置
<head></head>	文档的头部	解析语言、字符编码和标题
<meta>	网页信息	定义属性和属性值
<title> </title>	文档的标题	网页的标题
<body></body>	文档的主体	网页的所有内容

1.3 HTML注释

学会 HTML 注释，能方便后续代码的学习，特别是在团队开发中显得尤为重要。

1. HTML 注释的作用

HTML 注释是为了方便开发人员理解代码而写的特殊内容，解析 HTML 的浏览器是不会执行注释的。注释在以后阅读和团队化开发代码中非常重要，写注释也是一种分享，因此必须养成写注释的好习惯。

2. 注释的使用

HTML 注释的本质是一个标签，是一个浏览器不执行的特殊标签，以<!--开始，以-->结尾，要注释的内容写在中间。

语法：

```
<!-- 注释的内容不会被执行! -->
```

例 1-2 书写注释.html。

```
<!DOCTYPE html>
<html lang="en">
<head>
    <meta charset="UTF-8">
    <meta http-equiv="X-UA-Compatible" content="IE=edge">
    <meta name="viewport" content="width=device-width, initial-scale=1.0">
    <title>书写注释</title>
    <!-- 请把注释写在这里 -->
</head>
<body>
    <!-- 请把注释写在这里 -->
</body>
</html>
```

例1-2　书写注释.html

第2章 HTML标签

1. 了解常用开发工具
2. 掌握 HTML 常用标签
3. 掌握 HTML 特殊字符

2.1 常用开发工具

HTML 常用开发工具，能帮助开发人员快速高效地编写代码，特别是有些功能强大的工具，还会给出具体的代码纠错提示，以及编写习惯的提示等内容。

1. Visual Studio Code

Visual Studio Code（可视化界面编程工具，简称 VS Code）是 Microsoft 在 2015 年正式发布的一款工具，可在 Mac OS、Windows 和 Linux 三大操作系统中使用，是一款真正的跨平台实用编程工具，VS Code 图标如图 2-1 所示。

2. WebStorm

WebStorm 是 JetBrains 公司开发的一款 JavaScript 开发工具，同样能在 Mac OS、Windows 和 Linux 三大操作系统中使用，是最智能的 JavaScript IDE，被前端开发人员称为前端开发神器，WebStorm 图标如图 2-2 所示。

图2-1　VS Code图标

图2-2　WebStorm图标

3. Dreamweaver

Dreamweaver 全称为 Adobe Dreamweaver，简称 DW，中文名为“织梦者”，最早是 Macromedia 公司开发的，2005 年被 Adobe 公司收购。这款工具集合网页开发和管理功能，不过只能在 Mac OS 和 Windows 操作系统上使用，Dreamweaver 图标如图 2-3 所示。

4. Photoshop

Photoshop 全称为 Adobe Photoshop，简称 PS，是一款图像处理软件，并非专门针对前端开发人员的工具，但在实际前端开发过程中，经常需要用到这款工具，比如 PS 切片、精准获取颜色等功能，Photoshop 图标如图 2-4 所示。

图2-3　Dreamweaver图标

图2-4　Photoshop图标

2.2　HTML常用标签

HTML 标签是用来标记网页的标签，是非编程语言中的开发语言，作用相当于编程语言中的 C 语言和 Java 语言。学习 HTML 标签要结合标签的语义和作用，比如<title></title>是写标题信息的标签，双标签的内容要写到开始标签和结束标签中间。

书写 HTML 标签要遵循一个原则：在合适的区域，书写最合适的标签。

注意：

（1）HTML 标签不区分大小写，但在实际书写过程中，一般都采用小写。

（2）在书写 HTML 标签时，适当地换行和写空格，是为了增加代码的可读性，也可借助开发工具使代码格式化。

1. <hr />（水平线）

标签 hr（Horizontal Rule）是水平分隔线，可以将 HTML 页面中的内容水平分隔。

语法：

```
<hr />
```

例 2-1 hr 标签.html 演示水平分隔线，运行结果如图 2-5 所示。

```
<!DOCTYPE html>
<html lang="en">
<head>
    <meta charset="UTF-8">
    <meta http-equiv="X-UA-Compatible" content="IE=edge">
    <meta name="viewport" content="width=device-width, initial-scale=1.0">
    <title>hr标签</title>
```

```
</head>
<body>
    水平分隔线前的位置
    <hr />水平分隔线后的位置
</body>
</html>
```

例2-1　hr标签.html

水平分隔线前的位置

水平分隔线后的位置

图2-5　例2-1运行结果

2. <h1～6>（标题）

HTML 中的标题标签用来声明网页的重点，h 是 head 的缩写，代表头部、标题的意思，从 h1 到 h6，重要性依次降低，标签中的数字越大重要性反而越小，而其作用仅次于 title 标签。

语法：

```
<h1>请把标题写在这里</h1>
```

特征：

（1）标题标签内的文字会加粗变大，并且单独占据一行。

（2）标签内的文字随着标签内数字变大而变小，同时加粗效果也会反向变化（减弱）。

（3）在一个网页中不建议写多个标题标签，不利于搜索引擎优化。

例 2-2 标题标签.html 演示不同的标题标签，运行结果如图 2-6 所示。

```
<!DOCTYPE html>
<html lang="en">
<head>
    <meta charset="UTF-8">
    <meta http-equiv="X-UA-Compatible" content="IE=edge">
    <meta name="viewport" content="width=device-width, initial-scale=1.0">
    <title>标题标签</title>
</head>
<body>
    <h1>h1:一级标题</h1>
    <h2>h2:文字加粗</h2>
    <h3>h3:字体变大</h3>
    <h4>h4:独占一行</h4>
    <h5>h5:反向变化</h5>
    <h6>h6:不可多写</h6>
</body>
</html>
```

例2-2　标题标签.html

h1:一级标题

h2:文字加粗

h3:字体变大

h4:独占一行

h5:反向变化

h6:不可多写

图2-6　例2-2运行结果

3. <p>（段落）和
（换行）

HTML 中的段落用一对 p（Paragraph）标签包围，而换行则由 br（Break）单标签实现，两者在实际应用中很容易混淆，其最大区别是换行后行与行之间的距离。

语法：

```
<p>请把段落写在这里</p>
请在这里换行<br />
```

特征：

（1）段落标签会根据内容进行自动换行，是个双标签。

（2）段落标签会把网页分成若干个段落，一对 p 标签包围起来的内容是一个段落。

（3）换行标签会使内容强制换行，是个单标签。

（4）段落标签的自动换行和换行标签的强制换行，最大区别是段落与段落之间有比较大的空隙。

例 2-3 段落和换行标签的区别.html，运行结果如图 2-7 所示。

```
<!DOCTYPE html>
<html lang="en">
<head>
    <meta charset="UTF-8">
    <meta http-equiv="X-UA-Compatible" content="IE=edge">
    <meta name="viewport" content="width=device-width, initial-scale=1.0">
    <title>段落和换行标签的区别</title>
</head>
<body>
    <p>请把第一个段落写在这里</p>
    <p>请把第二个段落写在这里</p>
    请开始换行，换行前的位置<br />换行后的位置
</body>
</html>
```

例2-3　段落和换行标签的区别.html

请把第一个段落写在这里

请把第二个段落写在这里

请开始换行，换行前的位置
换行后的位置

图2-7 例2-3运行结果

4. <div>（分区）和<span>（行内）

在实际开发中，标签 div（Division）和 span 往往都被称为一个个存放内容的盒子。div 是将内容单独划分为一行的一个标签，起到分区的作用；span 是单独的一块区域，是在一行内给定一块空间，并非独占一行。

总之 div 独占一行，而 span 在一行中可以有多个，这个定义只适用现阶段学习，后续深入学习不一定成立。

语法：

```
<div>请把分区内容写在这里</div>
<span>请把行内标签内容写在这里</span>
```

特征：

（1）div 占据一行，不论内容有没有全部占满，这一行所有的空间都属于当前 div 标签，后续内容只能换行继续。

（2）span 虽然也是占据一块区域，但根据内容多少分配多少空间，一行中可以有多个 span 标签。

例 2-4 div 和 span 的区别.html，运行结果如图 2-8 所示。

```
<!DOCTYPE html>
<html lang="en">
<head>
    <meta charset="UTF-8">
    <meta http-equiv="X-UA-Compatible" content="IE=edge">
    <meta name="viewport" content="width=device-width, initial-scale=1.0">
    <title>div和span的区别</title>
    <style>
        div {
            background-color: skyblue;
        }
        .span1 {
            background-color: red;
        }
        .span2 {
            background-color: green;
        }
    </style>
</head>
<body>
    <div>分区标签</div>
```

```
    <span class="span1">行内标签1</span>
    <span class="span2">行内标签2</span>
</body>
</html>
```

例2-4　div和span的区别.html

图2-8　例2-4运行结果

5. 文件路径

文件路径是指目标文件的具体位置，在图像标签、引用样式表和JS文件中都会被广泛利用，比如图像标签的src属性就需要写文件路径，而引用样式表的href（Hypertext Reference）属性也需要写文件路径。

文件路径分为绝对路径和相对路径。绝对路径是指向文件的完整地址，包括本地设备上文件的完整路径和互联网上文件的完整地址，而相对路径是相对于当前文件的一个路径。

在实际开发中经常使用相对路径选择文件，这样可方便后续管理和使用。

绝对路径和相对路径的区别见表2-1。

表2-1　文件路径

文件路径	具体路径	描述
绝对路径	d:\web\web.jpg	在d盘的web文件夹中，有个名为web、格式为jpg的文件
	https://www.baidu.com/logo.png	网站百度下面，有个名为logo、格式为png的文件
相对路径	<img src="img.jpg" />	相对于当前位置，有个名为img、格式为jpg的文件
	<img src="../img.jpg" />	相对于当前位置的上一级，有个名为img、格式为jpg的文件
	<img src="images/img.jpg" />	相对于当前位置，有个images文件夹，其中有个名为img、格式为jpg的文件
	<img src="/img.jpg" />	当前位置的根目录，有个名为img、格式为jpg的文件

6. <img />（图像）

图像img（Image）标签用来渲染网页上的图像，要特别注意，属性src（source）是必须要写的，用来指定要显示的图像路径和图像名称，此外图像标签还有许多属性，见表2-2。

语法：

```
<img src="图像途径和图像名" />
```

表2-2　图像标签属性

属性	属性值	作用
src	图像路径和图像名	指定图像的路径和名字
alt	文本	代替不能显示图像的文字
title	文本	描述图像的文字
width	像素	设置图像的宽度
height	像素	设置图像的高度

特征：

（1）图像标签除 src 属性之外都可省略，可以写多个属性。

（2）属性之间用空格隔开，没有重要性区分，和书写顺序没有关系。

（3）属性和属性值以等号（=）连接，写了属性必须要有属性值。

（4）属性 alt 和 title 的值可以相同，也可以不同，两者没有任何关系。

（5）属性 width 和 height 一般只写一个，另一个会按比例调整，不建议同时给值。

例 2-5 图像标签和对应属性.html，具体效果可自行调试。

```
    <!DOCTYPE html>
    <html lang="en">
    <head>
       <meta charset="UTF-8">
       <meta http-equiv="X-UA-Compatible" content="IE=edge">
       <meta name="viewport" content="width=device-width, initial-scale=1.0">
       <title>图像标签和对应属性</title>
    </head>
    <body>
       <img src="img.jpg" />
       <img src="img.jpg" alt="图片消失" />
       <img src="img.jpg" alt="图片消失" title="神秘图片" />
       <img src="img.jpg" alt="图片消失" title="神秘图片" width="200px" />
       <img src="img.jpg" alt="图片消失" title="神秘图片" height="300px" />
       <img  src="img.jpg"  alt=" 图 片 消 失 "  title=" 神 秘 图 片 "  width="200px"
height="300px;" />
    </body>
    </html>
```

例2-5 图像标签和对应属性.html

7. <a>（超链接）

标签 a（Anchor）本身是锚的意思，又称超链接，起着指向某个网页的作用，在 HTML 标签中可以让一个网页链接到另一个网页，属性 href（Hypertext Reference）是必须要写的，是设置要去往另一个网页的地址。最简单的 a 标签如下，给百度两个字添加锚，也就是超链接，链接的网页地址是 https://www.baidu.com。

语法：

```
<a href="网址">百度</a>
```

此外 a 标签还有一个重要的属性，见表 2-3。

表 2-3 a 标签的属性

属　性	属 性 值	作　用
href	网址	要链接到的网页地址
target	_blank	在新窗口打开要链接的地址
	_parent	在父框架中打开链接地址
	_self	默认是_self，在当前窗口打开链接地址
	_top	在整个窗口中打开链接地址

为了满足不同的超链接需求，a 标签根据不同功能分为以下几类，见表 2-4，具体示例如例 2-6。

表 2-4　a 标签的种类

类　别	作　用
内部链接	同一个网站的不同网页之间创建链接
外部链接	链接到外部网站的地址
空连接	没有链接的目标，但有 a 标签的特征
下载链接	在属性 href 中不写地址，写上文件路径，就会下载该文件
标签链接	给网页中的不同标签设置超链接
位置链接	通过超链接，可快速跳转到网页的具体位置

特征：

（1）能用内部链接代替外部链接就少用外部链接，可减少错误的可能性。

（2）单击空链接，网页的地址会发生变化。

（3）设置位置链接时，要注意属性 href 中必须带有“#”。

例 2-6 a 标签种类.html

```
<!DOCTYPE html>
<html lang="en">
<head>
    <meta charset="UTF-8">
    <meta http-equiv="X-UA-Compatible" content="IE=edge">
    <meta name="viewport" content="width=device-width, initial-scale=1.0">
    <title>a标签种类</title>
</head>
<body>
    <a href="neibuwangye.html">内部链接</a>
    <a href="https://www.baidu.com/">外部链接</a>
    <a href="#">空链接</a>
    <a href="wenjian.txt">下载链接</a>
    <a href="https://www.baidu.com/"><img src="标签链接.jpg" /></a>
    <a href="#lianjieweizhi">位置链接</a>
    <h4 id="lianjieweizhi">具体位置</h4>
</body>
</html>
```

例2-6　a标签种类.html

8. 文本格式化

在 HTML 标签中，为了满足文本的编辑需求，比如增加文字加粗、斜体、删除线和下画线等功能，就需要用到文本格式化标签，文本格式化标签的作用见表 2-5。

表 2-5　文本格式化标签的作用

标　签	作　用
<strong></strong>	让文本加粗，效果比<b></b>更明显
<em></em>	让文本倾斜，效果比<i></i>更明显
<del></del>	让文本中间有删除线，效果比<s></s>更明显

续表

标　签	作　用
<ins></ins>	让文本有下画线，效果比<u></u>更明显
	让文本上浮
	让文本下沉
<small></small>	让文本字体小一号
<big></big>	让文本字体大一号

特征：

（1）让文本加粗、倾斜、中间有删除线和下画线的功能，建议都使用效果更明显的标签。

（2）标签 big 不建议使用，可能会存在浏览器兼容的问题。

（3）重点掌握表 2-5 中的前四个标签。

例 2-7 文本格式化标签.html，运行结果如图 2-9 所示。

```
<!DOCTYPE html>
<html lang="en">
<head>
   <meta charset="UTF-8">
   <meta http-equiv="X-UA-Compatible" content="IE=edge">
   <meta name="viewport" content="width=device-width, initial-scale=1.0">
   <title>文本格式化标签</title>
</head>
<body>
   <strong>文本加粗</strong>正常文字<br />
   <em>文本倾斜</em>正常文字<br />
   <del>文本有删除线</del>正常文字<br />
   <ins>文本有下画线</ins>正常文字<br />
   <sup>文本上浮</sup>正常文字<br />
   <sub>文本下沉</sub>正常文字<br />
   <small>文本字体小一号</small>正常文字<br />
   <big>文本字体大一号</big>正常文字<br />
</body>
</html>
```

例2-7　文本格式化标签.html

文本加粗正常文字
*文本倾斜*正常文字
~~文本有删除线~~正常文字
文本有下画线正常文字
文本上浮正常文字
文本下沉正常文字
文本字体小一号正常文字
文本字体大一号正常文字

图2-9　例2-7运行结果

2.3 HTML特殊字符

HTML 特殊字符是满足特殊功能需求的一部分“标签”。在网页中会用到一些非文本、非图片和非声音的内容，如空格、大于号和小于号等特殊符号。HTML 特殊字符的书写格式及作用见表 2-6。

表 2-6 HTML 特殊字符

特殊字符	书写格式	作 用
空格		显示一个空白效果
<	<	小于号
>	>	大于号
®	®	注册符号
©	©	版权符号
™	™	商标符号

例 2-8 HTML 特殊字符.html，运行结果如图 2-10 所示。

```
<!DOCTYPE html>
<html lang="en">
<head>
    <meta charset="UTF-8">
    <meta http-equiv="X-UA-Compatible" content="IE=edge">
    <meta name="viewport" content="width=device-width, initial-scale=1.0">
    <title>HTML特殊字符</title>
</head>
<body>
    空格前 空格后 <br />
    小于号&lt; <br />
    大于号&gt; <br />
    已注册&reg; <br />
    版权&copy; <br />
    商标&trade;
</body>
</html>
```

例2-8 HTML特殊字符.html

空格前 空格后
小于号<
大于号>
已注册®
版权©
商标™

图2-10 例2-8运行结果

第3章 HTML 高级标签

学习目标

1. 了解 HTML 列表
2. 了解 HTML 表格
3. 了解 HTML 表单

3.1 HTML列表

HTML 列表标签用于更好地布局网页，列表是按照一定顺序排列的集合，利用列表能更好地排版，在后续 CSS 学习中会经常用到 HTML 列表标签。

按照列表的特点，可以分为有序列表、无序列表和自定义列表，能满足多样化开发需求。

1. <ol>有序列表

有序列表 ol（Ordered List）标签是按照数字从小到大排列的列表，其中用 li（list）标签存放内容。

语法：

```
<ol>
   <li>列表选项1</li>
   <li>列表选项2</li>
   <li>列表选项3</li>
   <li>列表选项4</li>
</ol>
```

特征：

（1）在<ol></ol>中只能存放<li></li>。

（2）在<li></li>中可以存放任意内容，比如文本或其他标签。

例 3-1 有序列表.html，运行结果如图 3-1 所示。

```
<!DOCTYPE html>
```

```
<html lang="en">
<head>
    <meta charset="UTF-8">
    <meta http-equiv="X-UA-Compatible" content="IE=edge">
    <meta name="viewport" content="width=device-width, initial-scale=1.0">
    <title>有序列表</title>
</head>
<body>
    <ol>
        <li>有序列表选项1</li>
        <li>有序列表选项2</li>
        <li>有序列表选项3</li>
        <li>有序列表选项4</li>
    </ol>
</body>
</html>
```

例3-1　有序列表.html

1. 有序列表选项1
2. 有序列表选项2
3. 有序列表选项3
4. 有序列表选项4

图3-1　例3-1运行结果

2. <ul>无序列表

无序列表 ul（Unordered List）按照特定符号排列数据，其中同样用 li 标签来存放内容。

语法：

```
<ul>
    <li>列表选项1</li>
    <li>列表选项2</li>
    <li>列表选项3</li>
    <li>列表选项4</li>
</ul>
```

特征：

（1）在<ul></ul>中只能存放<li></li>。

（2）在<li></li>中可以存放任意内容，比如文本或其他标签。

（3）无序列表中的列表选项没有顺序区分，不存在像有序列表的序列号。

（4）无序列表在实际开发中用得最多，也是最好用的，是必须掌握的一种列表标签。

例 3-2 无序列表.html，运行结果如图 3-2 所示。

```
<!DOCTYPE html>
<html lang="en">
<head>
    <meta charset="UTF-8">
    <meta http-equiv="X-UA-Compatible" content="IE=edge">
```

```
    <meta name="viewport" content="width=device-width, initial-scale=1.0">
    <title>无序列表</title>
</head>
<body>
    <ul>
        <li>无序列表选项1</li>
        <li>无序列表选项2</li>
        <li>无序列表选项3</li>
        <li>无序列表选项4</li>
    </ul>
</body>
</html>
```

例3-2 无序列表.html

- 无序列表选项1
- 无序列表选项2
- 无序列表选项3
- 无序列表选项4

图3-2 例3-2运行结果

3. <dl>自定义列表

自定义列表 dl（Definition List）是为了丰富有序列表和无序列表之外的特殊需求，同样也是为了更好地布局页面，其中用 dt（Definition Term）标签和 dd（Definition Description）标签来存放内容。

语法：

```
<dl>
    <dt>列表内容</dt>
    <dd>列表内容第一个</dd>
    <dd>列表内容第二个</dd>
    <dd>列表内容第三个</dd>
    <dd>列表内容第四个</dd>
</dl>
```

特征：

（1）在<dl></dl>中只能存放<dt></dt>或者<dd></dd>。

（2）在<dt></dt>和<dd></dd>中可以存放任意内容，比如文本或其他标签。

（3）一般情况下，一个 dt 标签对应多个 dd 标签。

例 3-3 自定义列表.html，运行结果如图 3-3 所示。

```
<!DOCTYPE html>
<html lang="en">
<head>
    <meta charset="UTF-8">
    <meta http-equiv="X-UA-Compatible" content="IE=edge">
    <meta name="viewport" content="width=device-width, initial-scale=1.0">
    <title>自定义列表</title>
```

```
</head>
<body>
    <dl>
        <dt>自定义列表内容</dt>
        <dd>自定义列表内容第一个</dd>
        <dd>自定义列表内容第二个</dd>
        <dd>自定义列表内容第三个</dd>
        <dd>自定义列表内容第四个</dd>
    </dl>
</body>
</html>
```

例3-3　自定义列表.html

自定义列表内容
　　自定义列表内容第一个
　　自定义列表内容第二个
　　自定义列表内容第三个
　　自定义列表内容第四个

图3-3　例3-3运行结果

3.2 HTML表格

HTML 表格能起到格式化内容的作用，常用标签包括 table、tr、td、th、thead、tbody 和 tfoot。

1. <table>表格

表格标签 table 用于显示内容，以行 tr（Table Role）标签的形式，按照每个单元格 td（Table Data）标签，用数据展示出来。

特别需要注意，如果没有给表格指定长度和宽度，那么空内容是撑不起来表格的。

语法：

```
<table>
表格中的内容
</table>
```

常用的表格属性见表 3-1。

表 3-1　常用的表格属性

属　性	属 性 值	作　用
align	center、left、right	表格在当前网页的对齐方式，默认值为 left
bgcolor	colorname、#xxxxxx、rgb(x,x,x)	表格的背景颜色，可以用英文单词、十六进制值和 RGB 参数值
border	像素	表格边框的大小
cellpadding	像素	表格边框和单元格之间的距离
cellspacing	像素	表格单元格之间的距离
width	像素或百分比	表格的宽度
height	像素或百分比	表格的高度

特征：

（1）表格标签是用一对<table></table>包围起来的内容，而内容则撑起表格。

（2）学习表格标签，先不用掌握<table>中的 border、width 和 height 值。

（3）通过例 3-4 及其运行结果，再去掉 border、width 和 height 三个值，将看不到表格，印证了表格是用数据撑起来的。

例 3-4 空表格.html，运行结果如图 3-4 所示。

```
<!DOCTYPE html>
<html lang="en">
<head>
    <meta charset="UTF-8">
    <meta http-equiv="X-UA-Compatible" content="IE=edge">
    <meta name="viewport" content="width=device-width, initial-scale=1.0">
    <title>空表格</title>
</head>
<body>
    <table border="1px" width="200px" height="100px">
    </table>
</body>
</html>
```

例3-4 空表格.html

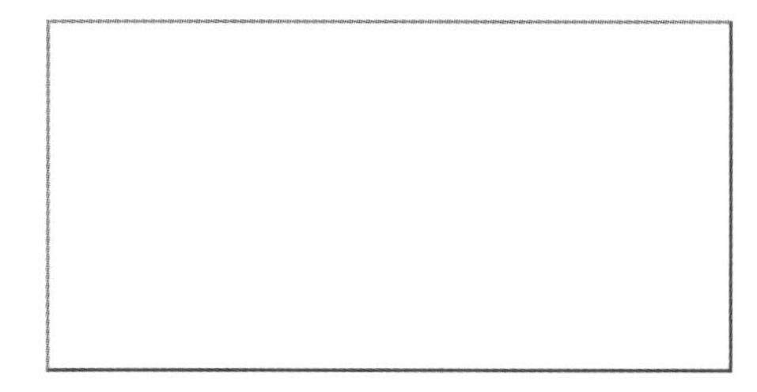

图3-4 例3-4运行结果

2. <tr>行

行标签 tr 中放存放内容的单元格，用于撑起表格。

语法：

```
<table>
    <tr></tr>
    <tr></tr>
    <tr></tr>
</table>
```

常用的行属性见表 3-2。

表 3-2 行属性

属 性	属 性 值	作 用
align	center、left、right、justify、char	表格行中的内容对齐方式，默认值为 left
bgcolor	colorname、#xxxxxx、rgb(x,x,x)	表格行的背景颜色，可以用英文单词、十六进制值和 RGB 参数值
valign	top、middle、bottom、baseline	表格行中的内容垂直对齐

例 3-5 空行.html，运行结果如图 3-5 所示。

```
<!DOCTYPE html>
<html lang="en">
<head>
    <meta charset="UTF-8">
    <meta http-equiv="X-UA-Compatible" content="IE=edge">
    <meta name="viewport" content="width=device-width, initial-scale=1.0">
    <title>空行</title>
</head>
<body>
    <table border="1px" width="200px" height="100px">
        <tr></tr>
        <tr></tr>
        <tr></tr>
    </table>
</body>
</html>
```

例3-5 空行.html

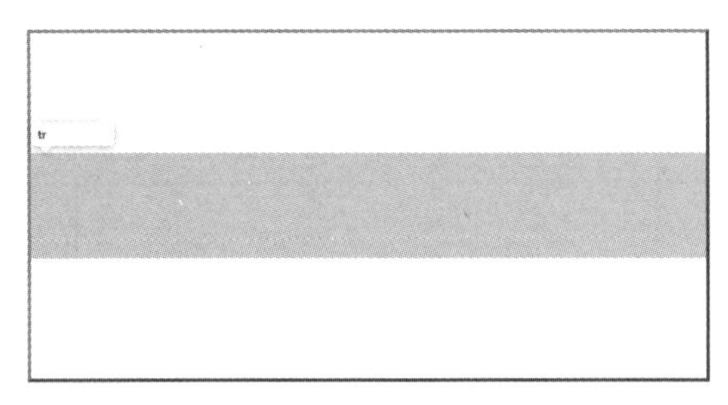

图3-5 例3-5运行结果

3. <td>单元格

单元格标签 td 用于存放内容，里面可以放文本、图片、声音和视频等内容，包括后面的表单。

语法：

```
<table>
    <tr>
        <td> </td>
        <td> </td>
    </tr>
    <tr>
        <td> </td>
        <td> </td>
    </tr>
</table>
```

常用的单元格属性见表 3-3。

表 3-3　单元格属性

属　性	属 性 值	作　用
align	center、left、right、justify、char	表格单元格中的内容对齐方式，默认值为 left
bgcolor	colorname、#xxxxxx、rgb(x,x,x)	表格单元格的背景颜色，可以用英文单词、十六进制值和 RGB 参数值
valign	top、middle、bottom、baseline	表格行中的内容垂直对齐方式
colspan	数字	单元格横跨的列数
rowspan	数字	单元格竖跨的行数

例 3-6 单元格.html，运行结果如图 3-6 所示。

```
<!DOCTYPE html>
<html lang="en">
<head>
   <meta charset="UTF-8">
   <meta http-equiv="X-UA-Compatible" content="IE=edge">
   <meta name="viewport" content="width=device-width, initial-scale=1.0">
   <title>空行</title>
</head>
<body>
   <table border="1px" width="200px" height="100px">
      <tr>
         <td>第1行第1列</td>
         <td>第1行第2列</td>
      </tr>
      <tr>
         <td>第2行第1列</td>
         <td>第2行第2列</td>
      </tr>
      <tr>
         <td>第3行第1列</td>
         <td>第3行第2列</td>
      </tr>
   </table>
</body>
</html>
```

例3-6　单元格.html

第1行第1列	第1行第2列
第2行第1列	第2行第2列
第3行第1列	第3行第2列

图3-6　例3-6运行结果

4. <th>单元格

单元格标签 th（Table Head）和 td 的作用差不多，也用于存放内容，但 th 中的文本会加粗居中，往往放在表格的第一行，用来突出内容。

单元格 th 一般称为表头单元格，而 td 称为标准单元格。

例 3-7 表头单元格.html，运行结果如图 3-7 所示。

```
<!DOCTYPE html>
<html lang="en">
<head>
    <meta charset="UTF-8">
    <meta http-equiv="X-UA-Compatible" content="IE=edge">
    <meta name="viewport" content="width=device-width, initial-scale=1.0">
    <title>表头单元格</title>
</head>
<body>
    <table border="1px" width="200px" height="100px">
        <tr>
            <th>表头</th>
            <th>表头</th>
        </tr>
        <tr>
            <td>第2行第1列</td>
            <td>第2行第2列</td>
        </tr>
        <tr>
            <td>第3行第1列</td>
            <td>第3行第2列</td>
        </tr>
    </table>
</body>
</html>
```

例3-7　表头单元格.html

表头	表头
第2行第1列	第2行第2列
第3行第1列	第3行第2列

图3-7　例3-7运行结果

5. <thead>、<tbody>和<tfoot>

标签<thead>、<tbody>和<tfoot>分别用于定义表格的头部、主体和尾部内容。此类标签可以让网页布局更清晰。

例 3-8 其余表格标签.html，运行结果如图 3-8 所示。

```
<!DOCTYPE html>
<html lang="en">
<head>
    <meta charset="UTF-8">
    <meta http-equiv="X-UA-Compatible" content="IE=edge">
    <meta name="viewport" content="width=device-width, initial-scale=1.0">
    <title>其余表格标签</title>
```

```
</head>
<body>
    <table border="1px" width="200px" height="100px">
        <thead>
            <tr>
                <th>头部1</th>
                <th>头部2</th>
            </tr>
        </thead>
        <tbody>
            <tr>
                <td>主体1</td>
                <td>主体2</td>
            </tr>
        </tbody>
        <tfoot>
            <tr>
                <td>尾部1</td>
                <td>尾部2</td>
            </tr>
        </tfoot>
    </table>
</body>
</html>
```

例3-8 其余表格标签.html

头部1	头部2
主体1	主体2
尾部1	尾部2

图3-8 例3-8运行结果

结合代码和结果，能看到<thead>、<tbody>和<tfoot>三部分的格式差别，thead 中的内容会加粗居中，而 tbody 中的内容高度会较大，最后是 tfoot 部分。

6. 合并单元格

合并单元格是将多个单元格从横方向或者竖方向合并，需要用到单元格 td 的两个属性 colspan 和 rowspan。单元格合并的步骤如下：

（1）确定合并单元格是跨行还是跨列。

（2）按跨行的目标找到最上面单元格，或者按跨列的目标找到最左侧单元格。

（3）设置跨行或跨列的数量。

（4）删除多余的单元格。

例 3-9 合并单元格.html，运行结果如图 3-9 所示。

```
<!DOCTYPE html>
<html lang="en">
```

```
<head>
    <meta charset="UTF-8">
    <meta http-equiv="X-UA-Compatible" content="IE=edge">
    <meta name="viewport" content="width=device-width, initial-scale=1.0">
    <title>合并单元格</title>
</head>
<body>
    <table border="1px" cellspacing="0">
        <tr>
            <th colspan=5>简历</th>
        </tr>
        <tr>
            <td>姓名</td>
            <td>张三</td>
            <td>性别</td>
            <td>男</td>
            <td rowspan=4>个人头像</td>
        </tr>
        <tr>
            <td>出生年月</td>
            <td>2000.1</td>
            <td>政治面貌</td>
            <td>团员</td>
        </tr>
        <tr>
            <td>民族</td>
            <td>汉族</td>
            <td>籍贯</td>
            <td>浙江绍兴</td>
        </tr>
        <tr>
            <td>身高</td>
            <td>180cm</td>
            <td>体重</td>
            <td>80kg</td>
        </tr>
    </table>
</body>
</html>
```

例3-9　合并单元格.html

<table>
<tr><th colspan="5">简历</th></tr>
<tr><td>姓名</td><td>张三</td><td>性别</td><td>男</td><td rowspan="4">个人头像</td></tr>
<tr><td>出生年月</td><td>2000.1</td><td>政治面貌</td><td>团员</td></tr>
<tr><td>民族</td><td>汉族</td><td>籍贯</td><td>浙江绍兴</td></tr>
<tr><td>身高</td><td>180cm</td><td>体重</td><td>80kg</td></tr>
</table>

图3-9　例3-9运行结果

3.3　HTML表单

HTML 表单标签用于收集用户输入的信息，这些信息可以是文字、图片和声音，也可以是视频和文件等内容，利用表单可以和用户实现信息的交互。

图 3-10 所示为百度首页，就是利用表单来实现信息交互，等待用户在文本框中输入内容。

图3-10　百度首页

1. <form>标签

标签 form 是用户和服务器进行数据交换的区域，一般要和用户交互信息的表单标签都写在<form></form>标签对中。

语法：

```
<form>
    交换信息的标签
</form>
```

三个重要的 form 标签属性见表 3-4。

表 3-4　form 标签属性

属　性	属 性 值	作　用
action	网址	把用户传入的信息提交到目的网址
method	post、get	以何种方式发送信息
name	名字	当前表单的名称

例 3-10 form 标签.html，运行结果如图 3-11 所示。

```
<!DOCTYPE html>
<html lang="en">
<head>
    <meta charset="UTF-8">
    <meta http-equiv="X-UA-Compatible" content="IE=edge">
    <meta name="viewport" content="width=device-width, initial-scale=1.0">
    <title>form标签</title>
</head>
<body>
    <form action="getUserInfo.html" method="post" name="firstArea">
        请把交换信息的标签写这里!
    </form>
</body>
</html>
```

例3-10　form标签.html

请把交换信息的标签写这里!

图3-11　例3-10运行结果

2. <input />标签

标签 input 是输入框，用于收集用户信息，根据属性 type 值可分为不同形式的表单标签，基本都能满足大部分的信息交换需求。input 的常用属性见表 3-5，不同属性的 type 值见表 3-6。

语法：

```
<form>
    <input type="表单类型" />
</form>
```

表 3-5 input 属性

属　性	属 性 值	作　用
type	见表 3-7	表单标签的类型
checked	checked	选择当前表单
disabled	disabled	禁用当前表单
id	标识号	表单的唯一名字
name	名字	当前表单的名字

表 3-6 type 值

属 性 值	类型及作用
button	单击按钮，实现单击功能
checkbox	复选框，可以选择多个复选框
file	文件上传按钮，通过这种表单可以上传文件
password	密码框，在密码框中输入内容会被密码化
radio	单选按钮，相对复选框只能选择一个
submit	提交按钮，单击后会把数据发送到服务器
text	文本框，用户可以输入文本信息

特征：

（1）单选按钮的属性 name 必须一样，才能实现只选择一个的功能。

（2）复选框的属性 name 必须一样，才能得到所有复选框的值。

（3）属性 name 和 id 的设置，一方面可以让前端开发人员布局，另一方面能让后台开发人员开发。

例 3-11 input 标签.html，运行结果如图 3-12 所示。

```
<!DOCTYPE html>
<html lang="en">
<head>
    <meta charset="UTF-8">
    <meta http-equiv="X-UA-Compatible" content="IE=edge">
    <meta name="viewport" content="width=device-width, initial-scale=1.0">
    <title>input表单</title>
</head>
<body>
    <form action="getUserInfo.html" method="post" name="firstArea">
        按钮: <input type="button" value="点击" /><br />
        爱好:
```

```
        <input type="checkbox" name="hobby" value="Run" />跑步
        <input type="checkbox" name="hobby" value="Ball" />打球
        <input type="checkbox" name="hobby" value="Read" />看书<br />
        上传：<input type="file" value="上传附件" /><br />
        密码：<input type="password" /><br />
        性别：
        <input type="radio" name="sex" value="men" />男
        <input type="radio" name="sex" value="women" />女<br />
        提交：<input type="submit" /><br />
        姓名：<input type="text" value="请输入您的名字" />
    </form>
</body>
</html>
```

例3-11　input标签.html

按钮： 点击
爱好： 跑步 打球 看书
上传： 选择文件 未选择任何文件
密码：
性别： 男 女
提交： 提交
姓名： 请输入您的名字

图3-12　例3-11运行结果

3. <label>标签

标签 label 是标记，与某个表单标签绑定后，当单击 label 标签的内容时，光标会聚焦到绑定的表单标签。

在设置 label 标签时，label 的属性 for 必须绑定表单标签的 id 值。

语法：

```
<label for="绑定表单标签id">
</label><input type="text" id=" " value="" />
```

例 3-12 label 标签.html，在单击第二个姓名时，光标会聚焦到本文框中，运行结果如图 3-13 所示。

```
<!DOCTYPE html>
<html lang="en">
<head>
    <meta charset="UTF-8">
    <meta http-equiv="X-UA-Compatible" content="IE=edge">
    <meta name="viewport" content="width=device-width, initial-scale=1.0">
    <title>label标签</title>
</head>
<body>
    <form action="getUserInfo.html" method="post" name="firstArea">
        姓名：<input type="text" value="请输入您的名字" /><br />
        <label for="userName">姓名：</label><input type="text" id="userName"
value="请输入您的名字" />
    </form>
```

```
</body>
</html>
```

例3-12　label标签.html

姓名：请输入您的名字
姓名：请输入您的名字

图3-13　例3-12运行结果

4. <select>标签

标签 select 是下拉选择框，最大的特点是能节省网页空间，一般用于选择较大数量的内容。

语法：

```
<select>
    <option>可选项1</option>
    <option>可选项2</option>
    <option>可选项3</option>
    <option>可选项4</option>
</select>
```

特征：

（1）标签 select 的属性 selected，当设置为 selected 值时，默认该选项会被选中。

（2）标签 select 中必须有至少一个标签 option，不然就没有内容可选。

例 3-13 select 标签.html，运行结果如图 3-14 所示。

```
<!DOCTYPE html>
<html lang="en">
<head>
    <meta charset="UTF-8">
    <meta http-equiv="X-UA-Compatible" content="IE=edge">
    <meta name="viewport" content="width=device-width, initial-scale=1.0">
    <title>select标签</title>
</head>
<body>
    <form action="getUserInfo.html" method="post" name="firstArea">
        <select>
            <option>新昌</option>
            <option>嵊州</option>
            <option selected="selected">上虞</option>
            <option>诸暨</option>
            <option>柯桥</option>
            <option>越城</option>
        </select>
    </form>
</body>
</html>
```

例3-13　select标签.html

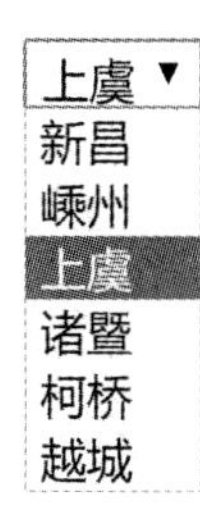

图3-14　例3-13运行结果

5. <textarea>标签

标签 textarea 是 input 表单属性 type 为 text 的补充，这是一个多行的文本输入标签，通过属性 cols 和 rows 控制标签的尺寸。

语法：

```
<textarea cols="宽度" rows="行数">
   请输入多行文本
</textarea>
```

特征：

（1）textarea 的开始标签后面留有空格，会在页面中显示出来。

（2）cols 和 rows 的单位是不同的。

例 3-14 textarea 标签.html，运行结果如图 3-15 所示。

```
<!DOCTYPE html>
<html lang="en">
<head>
   <meta charset="UTF-8">
   <meta http-equiv="X-UA-Compatible" content="IE=edge">
   <meta name="viewport" content="width=device-width, initial-scale=1.0">
   <title>textarea标签</title>
</head>
<body>
   <form action="getUserInfo.html" method="post" name="firstArea">
      <textarea cols="15" rows="3">请输入多行文本
      </textarea>
   </form>
</body>
</html>
```

例3-14　textarea标签.html

请输入多行文本

图3-15　例3-14运行结果

第4章 CSS基础

学习目标

1. 了解 CSS 简介
2. 了解 CSS 基础选择器
3. 了解 CSS 复合选择器
4. 了解 CSS 显示模式
5. 了解元素显示与隐藏

4.1 CSS简介

CSS（Cascading Style Sheets，层叠样式表）与 HTML 一样，也是一种标记语言，但不同的是 CSS 用于美化网页，而 HTML 用于布局网页，两者往往一起在前端开发中搭配使用。

1. CSS 语法

CSS 通过选择器的方式，以大括号括起来，给某个元素的属性设置属性值，用冒号赋值，并且可以同时设置多个属性，用分号隔开，最后以分号结束。

语法：

```
元素 {
    属性1：属性值1;
    属性2：属性值2;
    属性3：属性值3;
}
```

特征：

（1）属性和属性值之间用冒号“:”连接（赋值）。

（2）元素、属性和属性值之间最好用空格隔开，让代码格式化。

（3）CSS 中不区分字母大小写，建议全部小写。

例 4-1 CSS 语法.html，运行结果如图 4-1 所示。

```
<!DOCTYPE html>
<html lang="en">
<head>
    <meta charset="UTF-8">
    <meta http-equiv="X-UA-Compatible" content="IE=edge">
    <meta name="viewport" content="width=device-width, initial-scale=1.0">
    <title>CSS语法</title>
    <style>
        div {
            width: 100px;
            height: 100px;
            background-color: skyblue;
        }
    </style>
</head>
<body>
    <div></div>
</body>
</html>
```

例4-1　CSS语法.html

图4-1　例4-1运行结果

2. CSS 使用方式

CSS 必须通过调用才能生效，按照 CSS 样式的位置，可分为三种：行内样式表、内部样式表和外部样式表。

行内样式表是直接在标签内设置属性 style 的值，一般用于比较简单的样式需求。

语法：

```
<标签 style="属性1:属性值1;属性2:属性值2;"></标签>
```

特征：

（1）设置行内样式，实际上就是修改属性 style 的值。

（2）由于行内样式书写比较容易，一般只适用于简单样式。

内部样式也是写在页面中，不过是写到单独的标签 style 中，一般放在标签 head 中。

语法：

```
<style>
    元素 {
        属性1: 属性值1;
        属性2: 属性值2;
        属性3: 属性值3;
    }
</style>
```

特征：

（1）设置内部样式可以将 HTML 和 CSS 在页面中实现分块管理。

（2）外部样式是把样式写到一个 CSS 文件中，然后通过调用文件的方式使用样式。

使用外部样式分为两步：首先把样式写在 CSS 文件中（把样式写到标签 style 中），然后通过标签 link 引用该样式。

语法：

```
<link rel="stylesheet" href="外部样式的地址">
```

特征：

CSS 文件是扩展名为 css 的文件，里面写要用到的样式，以一对双标签 style 包围起来。

3. CSS 注释

CSS 中的注释可以帮助前端开发人员更好地阅读和管理 CSS 样式。

语法：

```
<style>
    div {
        /* 设置宽度属性 */
        width: 200px;
        /* 设置高度属性 */
        height: 200px;
        /* 设置背景颜色 */
        background-color: red;
    }
</style>
```

特征：

用/*开始和以*/结束，注释内容写在中间。

4.2 CSS基础选择器

CSS 选择器的作用是选择要设置样式的目标，然后设置样式。按大类可分为基础选择器和复合选择器，其中基础选择器又分为标签选择器、类选择器、ID 选择器和通配符选择器。

1. 标签选择器

标签选择器是选择某类 HTML 标签，为页面中的这一类标签设置 CSS 样式。

语法：

```
标签名称 {
    属性1: 属性值1;
    属性2: 属性值2;
}
```

特征：

标签选择器会给当前页面的所有指定标签设置样式。

例 4-2 标签选择器.html，运行结果如图 4-2 所示。

```
<!DOCTYPE html>
<html lang="en">
<head>
    <meta charset="UTF-8">
    <meta http-equiv="X-UA-Compatible" content="IE=edge">
    <meta name="viewport" content="width=device-width, initial-scale=1.0">
    <title>标签选择器</title>
    <style>
        div {
            width: 100px;
            height: 50px;
            background-color: green;
        }
    </style>
</head>
<body>
    <div>标签选择器</div>
</body>
</html>
```

例4-2　标签选择器.html

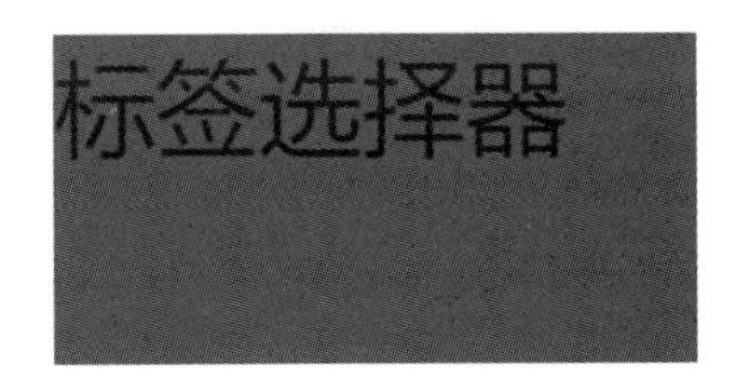

图4-2　例4-2运行结果

2. 类选择器

类选择器是选择调用当前类的某个或某些 HTML 标签，为页面中的某个或某些标签设置 CSS 样式。

语法：

```
.类名称 {
    属性1: 属性值1;
    属性2: 属性值2;
}
```

特征：

（1）类选择器以点号“.”开头，加上类名称。

（2）类选择器的类名命名要有意义，尽量用英文单词或中文全拼。

（3）使用类选择器的标签，必须设置属性 class 为类选择器的类名称。

例 4-3 类选择器.html，运行结果如图 4-3 所示。

```
<!DOCTYPE html>
<html lang="en">
<head>
    <meta charset="UTF-8">
    <meta http-equiv="X-UA-Compatible" content="IE=edge">
    <meta name="viewport" content="width=device-width, initial-scale=1.0">
    <title>类选择器</title>
    <style>
        .classStyle {
            width: 100px;
            height: 50px;
            background-color: red;
        }
    </style>
</head>
<body>
    <div class="classStyle">类选择器</div>
</body>
</html>
```

例4-3　类选择器.html

图4-3　例4-3运行结果

彩色图片

图4-3

另外，使用类选择器的标签，可以一次性设置多个类名，用空格分开。

特征：

（1）多类选择器可以灵活使用 CSS 样式，比如不同种类的样式设置。

（2）相比类选择器，只需在使用标签的属性 class 中写多个类名。

例 4-4 多类选择器.html，运行结果如图 4-4 所示。

```
<!DOCTYPE html>
<html lang="en">
<head>
    <meta charset="UTF-8">
    <meta http-equiv="X-UA-Compatible" content="IE=edge">
    <meta name="viewport" content="width=device-width, initial-scale=1.0">
    <title>多类选择器</title>
```

```
    <style>
        .classSize {
            width: 160px;
            height: 80px;
        }
        .classColor {
            background-color: blue;
        }
    </style>
</head>
<body>
    <div class="classSize classColor">多类选择器</div>
</body>
</html>
```

例4-4 多类选择器.html

图4-4 例4-4运行结果

3. ID 选择器

ID 选择器是为某个具有特定 ID 的 HTML 标签设置样式，根据 ID 设置样式，在使用的标签处必须设置要调用的 ID。

语法：

```
#ID {
    属性1: 属性值1;
    属性2: 属性值2;
}
```

特征：

（1）ID 选择器以“#”开头，加上 ID 号。

（2）ID 选择器在页面中只能使用一次，基于 ID 的唯一性，也只能调用一次。

（3）ID 选择器往往适用于给某个特定标签设置样式。

例 4-5 ID 选择器.html，运行结果如图 4-5 所示。

```
<!DOCTYPE html>
<html lang="en">
<head>
    <meta charset="UTF-8">
    <meta http-equiv="X-UA-Compatible" content="IE=edge">
    <meta name="viewport" content="width=device-width, initial-scale=1.0">
    <title>ID选择器</title>
    <style>
```

```
        #idStyle {
            width: 150px;
            height: 70px;
            background-color: purple;
        }
    </style>
</head>
<body>
    <div id="idStyle">ID选择器</div>
</body>
</html>
```

例4-5 id选择器.html

图4-5 例4-5运行结果

图4-5

4. 通配符选择器

通配符选择器是给页面中的所有 HTML 标签设置样式，因此设置该样式时要谨慎。

语法：

```
* {
    属性1：属性值1;
    属性2：属性值2;
}
```

特征：

（1）设置通配符选择器，只需以“*”开头。

（2）使用通配符选择器不需要调用，因此设置样式要谨慎。

（3）一般只有设置特殊的样式，才会使用通配符选择器。

例 4-6 通配符选择器.html，运行结果如图 4-6 所示，背景颜色红色会运用到整个页面的背景，这就是通配符选择器所起的样式效果。

```
<!DOCTYPE html>
<html lang="en">
<head>
    <meta charset="UTF-8">
    <meta http-equiv="X-UA-Compatible" content="IE=edge">
    <meta name="viewport" content="width=device-width, initial-scale=1.0">
    <title>通配符选择器</title>
    <style>
        * {
            width: 50px;
            height: 50px;
```

```
            background-color: red;
        }
    </style>
</head>
<body>
    <div>通配符选择器</div>
</body>
</html>
```

例4-6 通配符选择器.html

图4-6 例4-6运行结果

4.3 CSS复合选择器

复合选择器和基础选择器组成 CSS 选择器，而复合选择器是建立在基础选择器之上的，是对基础选择器进行“复合”而成。

复合选择器由两个及以上的基础选择器组合，分为后代选择器、子选择器、并集选择器和伪类选择器。

1. 后代选择器

后代选择器是通过选择当前元素中的所有元素来设置样式，只要选定“后代”元素，那么所有的元素都会调用该样式。

语法：

```
元素1 元素2  {
                属性1: 属性值1;
                属性2: 属性值2;
}
```

特征：

（1）元素 1 包围元素 2，中间用空格分开，实际上是给元素 2 设置样式。

（2）复合选择器建立在基础选择器上，因此元素可以是标签、类和 ID 等任意选择器。

例 4-7 后代选择器.html，运行结果如图 4-7 所示。

```
<!DOCTYPE html>
<html lang="en">
<head>
```

```
    <meta charset="UTF-8">
    <meta http-equiv="X-UA-Compatible" content="IE=edge">
    <meta name="viewport" content="width=device-width, initial-scale=1.0">
    <title>后代选择器</title>
    <style>
        ol li {
            background-color: red;
        }
    </style>
</head>
<body>
    <ol>
        <li>后代选择器</li>
        <li>后代选择器</li>
    </ol>
    <ul>
        <li>选择器</li>
        <li>选择器</li>
    </ul>
</body>
</html>
```

例4-7　后代选择器.html

1. 后代选择器
2. 后代选择器

- 选择器
- 选择器

图4-7　例4-7运行结果

2. 子选择器

子选择器是通过选择当前元素中最近的一个元素来设置样式，而子选择器只选择一种，选择的子元素则调用该样式。

语法：

```
元素1 > 元素2  {
                    属性1: 属性值1;
                    属性2: 属性值2;
}
```

特征：

（1）元素 1 包围元素 2，中间用“>”分开，实际上是给元素 2 设置样式。

（2）子选择器和后代选择器的最大区别是前者只给一种元素设置样式。

例 4-8 子选择器.html，运行结果如图 4-8 所示。

```
<!DOCTYPE html>
<html lang="en">
<head>
    <meta charset="UTF-8">
```

```
    <meta http-equiv="X-UA-Compatible" content="IE=edge">
    <meta name="viewport" content="width=device-width, initial-scale=1.0">
    <title>子选择器</title>
    <style>
        div>span {
            background-color: red;
        }
    </style>
</head>
<body>
    <div>
        <span>子选择器</span>
        <p>
            <span>后代选择器</span>
        </p>
    </div>
</body>
</html>
```

例4-8　子选择器.html

图4-8　例4-8运行结果

3. 并集选择器

并集选择器可以选择多个元素，然后设置统一样式。

语法：

```
元素1 , 元素2 {
                属性1: 属性值1;
                属性2: 属性值2;
}
```

特征：

（1）元素 1 和元素 2，中间用 “,” 分开，给元素 1 和元素 2 都设置样式。

（2）并集选择器可以批量给元素设置样式。

例 4-9 并集选择器.html，运行结果如图 4-9 所示。

```
<!DOCTYPE html>
<html lang="en">
<head>
    <meta charset="UTF-8">
    <meta http-equiv="X-UA-Compatible" content="IE=edge">
    <meta name="viewport" content="width=device-width, initial-scale=1.0">
    <title>并集选择器</title>
    <style>
```

```
        div,
        span {
            background-color: greenyellow;
        }
    </style>
</head>
<body>
    <div>并集选择器</div>
    <span>并集选择器</span>
</body>
</html>
```

例4-9　并集选择器.html

并集选择器
并集选择器

图4-9　例4-9运行结果

4. 伪类选择器

伪类选择器是通过选择某些元素的特殊状态，然后设置样式。

语法：

```
元素1 : 特殊状态 {
                属性1: 属性值1;
                属性2: 属性值2;
}
```

特征：

（1）元素必须拥有这个特殊状态，中间用“:”分开。

（2）如果给元素设置多个特殊状态，必须遵从元素的特殊状态顺序。

例 4-10 伪类选择器.html，运行结果如图 4-10 所示。

```
<!DOCTYPE html>
<html lang="en">
<head>
    <meta charset="UTF-8">
    <meta http-equiv="X-UA-Compatible" content="IE=edge">
    <meta name="viewport" content="width=device-width, initial-scale=1.0">
    <title>伪类选择器</title>
    <style>
        a:link {
            color: red;
        }
        a:hover {
            color: blue;
        }
    </style>
</head>
```

```
<body>
    <a href="#">第一个链接</a><br />
    <a href="#">第二个链接</a>
</body>
</html>
```

例4-10 伪类选择器.html

第一个链接

第二个链接

图4-10 例4-10运行结果

4.4 CSS显示模式

CSS 显示模式指 HTML 标签以什么样的模式显示在网页上，根据标签的显示模式，可以选择更合适的标签来布局网页。

一般将 HTML 标签分为块级标签、行内标签和行内块标签。

1. 块级标签

常用块级标签有 h1、hr、p、div、ul、ol、dl 和 li 等。

特征：

（1）单独占据一行，前文介绍的 div 就是块级标签。

（2）默认宽度是上级标签的宽度。

（3）设置宽度和高度有效。

（4）块级标签内可以存放块级标签、行内标签或文本。

2. 行内标签

常用行内标签有 a 和 span 等。

特征：

（1）一行内可以有多个行内标签，前文介绍的 span 就是行内标签。

（2）宽度是自己本身的宽度。

（3）设置宽度和高度是无效的。

（4）行内标签内只能存放行内标签或文本。

3. 行内块标签

常用行内块标签有 img 和 input 等。

特征：

（1）一行内可以有多个行内标签。

（2）宽度是自己本身的宽度。

（3）设置宽度和高度是有效的。

4. 显示模式转换

在特定情况下，需要给某些标签设置某种模式，这就需要用到模式转换，利用属性 display 可以实现。

语法：

```
/* 转换成块标签 */
元素1 { display: block; }
/* 转换成行内标签 */
元素2 { display: inline; }
/* 转换成行内块标签 */
元素3 { display: inline-block; }
```

4.5 元素显示与隐藏

CSS 中的显示与隐藏用来控制元素的状态属性，一共有三个可用属性，分别是 display、visibility 和 overflow。

1. display 属性

display 属性除了具有显示模式转换作用之外，还可以设置元素的显示和隐藏。

display 属性值见表 6-1。

表 4-1 display 属性值

属 性 值	作 用
block	显示元素
none	隐藏元素

特征：

（1）设置 display 属性为 none，隐藏后的元素将不再保留位置。

（2）设置 display: block;和不写 display 属性效果一样，但后期动态修改 display 属性就要用到 block 值。

例 4-11 display 属性.html，运行结果如图 4-11 所示，如果把 display 属性设置为 block 或者删除 display: none;，则运行结果如图 4-12 所示。

```
<!DOCTYPE html>
<html lang="en">
<head>
    <meta charset="UTF-8">
    <meta http-equiv="X-UA-Compatible" content="IE=edge">
    <meta name="viewport" content="width=device-width, initial-scale=1.0">
    <title>display属性</title>
    <style>
        .firstDiv {
            display: none;
            width: 120px;
            height: 70px;
            background-color: red;
        }
```

```
        .secondeDiv {
            width: 120px;
            height: 70px;
            background-color: blue;
        }
    </style>
</head>
<body>
    <div class="firstDiv">第一个DIV盒子</div>
    <div class="secondeDiv">第二个DIV盒子</div>
</body>
</html>
```

例4-11　display属性.html

图4-11　设置为none的运行结果

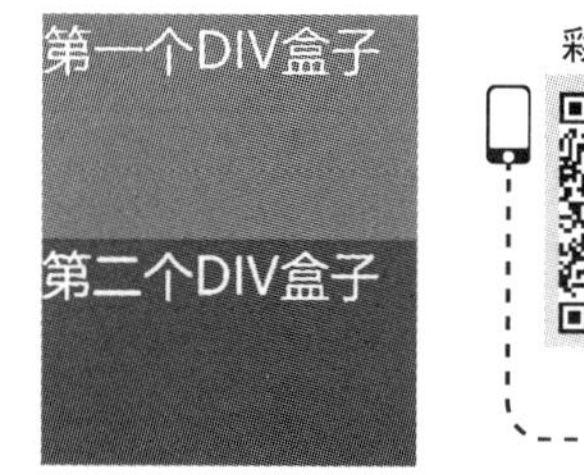

图4-12　设置为block的运行结果

2. visibility 属性

visibility 属性可以设置元素是否可见，也就是设置可见和隐藏的值。

visibility 属性值见表 4-2。

表 4-2　visibility 属性值

属　性　值	作　　用
visible	元素可见
hidden	元素隐藏

特征：

（1）设置 visibility 属性为 hidden，隐藏后的元素将保留位置。

（2）设置 visibility: visible;和不设置 visibility 属性效果一样，但后期动态修改 visibility 属性就要用到 visible 值。

例 4-12 visibility 属性.html，运行结果如图 4-13 所示。

```
<!DOCTYPE html>
<html lang="en">
<head>
    <meta charset="UTF-8">
    <meta http-equiv="X-UA-Compatible" content="IE=edge">
    <meta name="viewport" content="width=device-width, initial-scale=1.0">
    <title>visibility属性</title>
    <style>
        .firstDiv {
            visibility: visible;
```

```
            width: 120px;
            height: 30px;
            background-color: red;
        }
        .secondeDiv {
            visibility: hidden;
            width: 120px;
            height: 30px;
            background-color: blue;
        }
        .thirdDiv {
            visibility: visible;
            width: 120px;
            height: 30px;
            background-color: green;
        }
    </style>
</head>
<body>
    <div class="firstDiv">第一个DIV盒子</div>
    <div class="secondeDiv">第二个DIV盒子</div>
    <div class="thirdDiv">第三个DIV盒子</div>
</body>
</html>
```

例4-12　visibility属性.html

图4-13　例4-12运行结果

3. overflow 属性

overflow 属性可以设置元素超过当前区域的显示情况。

overflow 属性值见表 6-3。

表 4-3　overflow 属性值

属 性 值	作　用
visible	超出内容正常显示
hidden	超出内容不可见
auto	超出内容不可见，则以滚动条的方式查看
scroll	不论有没有超出内容，都显示滚动条

特征：

（1）overflow 属性只是对元素超出当前区域的内容进行设置，不同于 display 和 visibility 是对当前元素设置可见与否的属性。

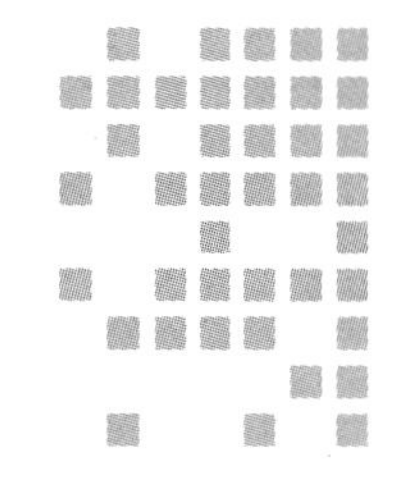

第5章 CSS字体、文本和背景

学习目标

1. 了解 CSS 字体
2. 了解 CSS 文本
3. 了解 CSS 背景
4. 了解 CSS 三大特性

5.1 CSS字体属性

在 CSS 样式中，针对字体（Font）可以设置不同属性，如字体、大小、格式和粗细等。

1. font-family 字体

通过属性 font-family 设置字体的类型。

语法：

```
元素 { font-family : '字体1', '字体2'; }
```

特征：

（1）一次性可以设置多个字体，从左往右开始显示，直到成功显示为止。

（2）不同字体之间用“,”隔开，最好使用常见字体，不然有些浏览器无法解析。

例 5-1 字体.html，运行结果如图 5-1 所示。

```
<!DOCTYPE html>
<html lang="en">
<head>
    <meta charset="UTF-8">
    <meta http-equiv="X-UA-Compatible" content="IE=edge">
    <meta name="viewport" content="width=device-width, initial-scale=1.0">
    <title>字体</title>
    <style>
```

```
        div {
            font-family: '宋体';
        }
        span {
            font-family: '黑体';
        }
    </style>
</head>
<body>
    <div>第一种字体</div>
    <span>第二种字体</span>
</body>
</html>
```

例5-1　字体.html

第一种字体

第二种字体

图5-1　例5-1运行结果

2. font-size 字体大小

通过属性 font-size 设置字体的大小。

语法：

```
元素 { font-size : 像素值; }
```

特征：

（1）像素值的单位是像素，用 px 表示。

（2）不同浏览器都有默认字体大小，但都不太一样，因此最好指定字体大小。

例 5-2 字体大小.html，运行结果如图 5-2 所示。

```
<!DOCTYPE html>
<html lang="en">
<head>
    <meta charset="UTF-8">
    <meta http-equiv="X-UA-Compatible" content="IE=edge">
    <meta name="viewport" content="width=device-width, initial-scale=1.0">
    <title>字体大小</title>
    <style>
        div {
            font-size: 20px;
        }
        span {
            font-size: 25px;
        }
    </style>
</head>
<body>
```

```
    <div>20像素</div>
    <span>25像素</span>
</body>
</html>
```

例5-2　字体大小.html

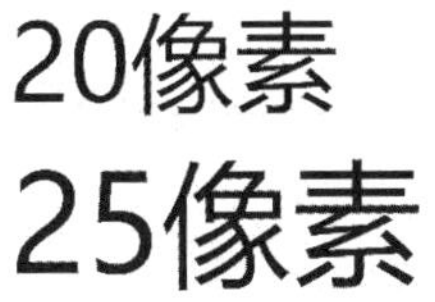

20像素
25像素

图5-2　例5-2运行结果

3. font-style 字体样式

通过属性 font-style 设置字体的样式。

语法：

```
元素 { font-style : 样式值; }
```

特征：

样式值有两个，分别是 normal（正常）和 italic（倾斜）。

例 5-3 字体样式.html，运行结果如图 5-3 所示。

```
<!DOCTYPE html>
<html lang="en">
<head>
    <meta charset="UTF-8">
    <meta http-equiv="X-UA-Compatible" content="IE=edge">
    <meta name="viewport" content="width=device-width, initial-scale=1.0">
    <title>字体样式</title>
    <style>
        div {
            font-style: normal;
        }
        span {
            font-style: italic;
        }
    </style>
</head>
<body>
    <div>正常样式</div>
    <span>倾斜样式</span>
</body>
</html>
```

例5-3　字体样式.html

正常样式
倾斜样式

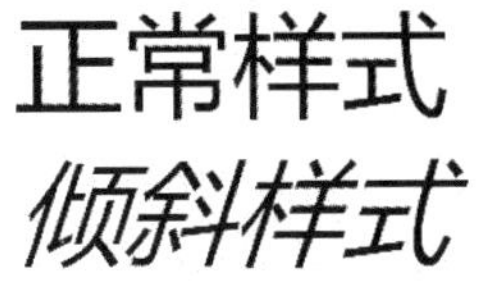

图5-3　例5-3运行结果

4. font-weight 字体粗细

通过属性 font-weight 设置字体的粗细。

语法：

```
元素 { font-weight: 粗细值; }
```

特征：

（1）粗细值有两个，分别是 normal（正常）和 bold（加粗）。

（2）粗细值还可以用数字 100 ~ 900 表示，normal 对应 400，bold 对应 700。

例 5-4 字体粗细.html，运行结果如图 5-4 所示。

```
<!DOCTYPE html>
<html lang="en">
<head>
    <meta charset="UTF-8">
    <meta http-equiv="X-UA-Compatible" content="IE=edge">
    <meta name="viewport" content="width=device-width, initial-scale=1.0">
    <title>字体粗细</title>
    <style>
        div {
            /* 下面两行代码作用一样 */
            /* font-weight: normal; */
            font-weight: 400;
        }
        span {
            /* 下面两行代码作用一样 */
            /* font-weight: bold; */
            font-weight: 700;
        }
    </style>
</head>
<body>
    <div>正常字体</div>
    <span>加粗字体</span>
</body>
</html>
```

例5-4　字体粗细.html

正常字体

加粗字体

图5-4　例5-4运行结果

5.2　CSS文本属性

在 CSS 样式中，针对文本（Text）可以设置不同属性，如文本格式、颜色和间距等。

1. text-align 对齐

通过属性 text-align 设置文本的水平对齐方式。

语法：

```
元素 { text-align: 属性值; }
```

特征：

text-align 值有三个，分别是 left（左对齐，默认值）、center（居中）和 right（右对齐）。

例 5-5 文本水平对齐.html，运行结果如图 5-5 所示。

```
<!DOCTYPE html>
<html lang="en">
<head>
    <meta charset="UTF-8">
    <meta http-equiv="X-UA-Compatible" content="IE=edge">
    <meta name="viewport" content="width=device-width, initial-scale=1.0">
    <title>文本水平对齐</title>
    <style>
        div {
            text-align: center;
            width: 100px;
            background-color: red;
        }
    </style>
</head>
<body>
    <div>水平居中</div>
</body>
</html>
```

例5-5　文本水平对齐.html

彩色图片

图5-5

图5-5　例5-5运行结果

2. text-decoration 修饰

通过属性 text-decoration 修饰文本的样式。

语法：

```
元素 { text-decoration: 属性值; }
```

特征：

text-decoration 值有四个，分别是 none（正常，默认值），overline（上画线）、line-through（删除线）和 underline（下画线）。

例 5-6 文本修饰.html，运行结果如图 5-6 所示。

```
<!DOCTYPE html>
<html lang="en">
<head>
```

```
    <meta charset="UTF-8">
    <meta http-equiv="X-UA-Compatible" content="IE=edge">
    <meta name="viewport" content="width=device-width, initial-scale=1.0">
    <title>文本修饰</title>
    <style>
        div {
            text-decoration: none;
        }
        span {
            text-decoration: overline;
        }
        p {
            text-decoration: line-through;
        }
        h6 {
            text-decoration: underline;
        }
    </style>
</head>
<body>
    <div>文本修饰—正常</div>
    <span>文本修饰—上画线</span>
    <p>文本修饰—删除线</p>
    <h6>文本修饰—下画线</h6>
</body>
</html>
```

例5-6　文本修饰.html

文本修饰—正常

文本修饰—上画线

~~文本修饰—删除线~~

文本修饰—下画线

图5-6　例5-6运行结果

3. text-indent 缩进

通过属性 text-indent 设置文本的缩进大小。

语法：

```
元素 { text-indent: 属性值; }
```

特征：

（1）text-indent 值用像素表示，单位是 px。

（2）除了像素值之外，还可以用相对的值，单位是 em，相对当前元素的字体大小，一般用

2em 实现首行缩进两个字符。

例 5-7 文本缩进修饰.html，运行结果如图 5-7 所示。

```
<!DOCTYPE html>
<html lang="en">
<head>
    <meta charset="UTF-8">
    <meta http-equiv="X-UA-Compatible" content="IE=edge">
    <meta name="viewport" content="width=device-width, initial-scale=1.0">
    <title>文本缩进</title>
    <style>
        p {
            text-indent: 2em;
            /* 上面的不用考虑当前页面的字体大小 */
            /* 下面的需要根据页面字体大小来调整 */
            /* text-indent: 20px; */
        }
    </style>
</head>
<body>
    <p>文本缩进文本缩进文本缩进文本缩进。</p>
</body>
</html>
```

例5-7 文本缩进.html

文本缩进文本缩进
文本缩进文本缩进。

图5-7 例5-7运行结果

4. color 颜色

通过属性 color 设置文本的颜色。

语法：

```
元素 { color: 属性值; }
```

特征：

color 值可以用三种形式表示，分别是颜色值（英文单词）、十六进制（#xxxxxx）和 RGB 值。

例 5-8 文本颜色.html，运行结果如图 5-8 所示。

```
<!DOCTYPE html>
<html lang="en">
<head>
    <meta charset="UTF-8">
    <meta http-equiv="X-UA-Compatible" content="IE=edge">
    <meta name="viewport" content="width=device-width, initial-scale=1.0">
    <title>文本颜色</title>
    <style>
        div {
            color: red;
```

```
        }
        span {
            color: #fff000;
        }
        p {
            color: rgb(46, 212, 46);
        }
    </style>
</head>
<body>
    <div>文本颜色</div>
    <span>文本颜色</span>
    <p>文本颜色</p>
</body>
</html>
```

例5-8 文本颜色.html

文本颜色

文本颜色

图5-8 例5-8运行结果

5. line-height 间距

通过属性 line-height 设置文本的间距，这里的间距是行间距，而行间距包括上间距、文本高度和下间距。

语法：

```
元素 { line-height: 像素值; }
```

例 5-9 文本间距.html，运行结果如图 5-9 所示。

```
<!DOCTYPE html>
<html lang="en">
<head>
    <meta charset="UTF-8">
    <meta http-equiv="X-UA-Compatible" content="IE=edge">
    <meta name="viewport" content="width=device-width, initial-scale=1.0">
    <title>文本间距</title>
    <style>
        div {
            height: 50px;
            line-height: 30px;
            background-color: red;
        }
    </style>
</head>
```

```
<body>
    <div>文本间距</div>
</body>
</html>
```

例5-9　文本间距.html

图5-9　例5-9运行结果

5.3　CSS背景属性

在 CSS 样式中，针对背景（Background）可以设置不同属性，如背景颜色、背景图片、背景图片位置等。

1. background-color 颜色

通过属性 background-color 设置背景颜色。

语法：

```
元素 { background-color: 属性值; }
```

例 5-10 背景颜色.html，运行结果如图 5-10 所示。

```
<!DOCTYPE html>
<html lang="en">
<head>
    <meta charset="UTF-8">
    <meta http-equiv="X-UA-Compatible" content="IE=edge">
    <meta name="viewport" content="width=device-width, initial-scale=1.0">
    <title>背景颜色</title>
    <style>
        div {
            background-color: green;
        }
    </style>
</head>
<body>
    <div>背景颜色</div>
</body>
</html>
```

例5-10　背景颜色.html

背景颜色

图5-10　例5-10运行结果

2. background-image 图片

通过属性 background-image 设置背景图片。

语法：

```
元素 { background-image: url(图片地址); }
```

特征：

url 图片地址可以用绝对地址或者相对地址。

例 5-11 背景图片.html，运行结果如图 5-11 所示。

```
<!DOCTYPE html>
<html lang="en">
<head>
    <meta charset="UTF-8">
    <meta http-equiv="X-UA-Compatible" content="IE=edge">
    <meta name="viewport" content="width=device-width, initial-scale=1.0">
    <title>背景图片</title>
    <style>
        div {
            width: 450px;
            height: 270px;
            color: yellow;
            background-image: url(img.jpg);
        }
    </style>
</head>
<body>
    <div>背景图片</div>
</body>
</html>
```

例5-11 背景图片.html

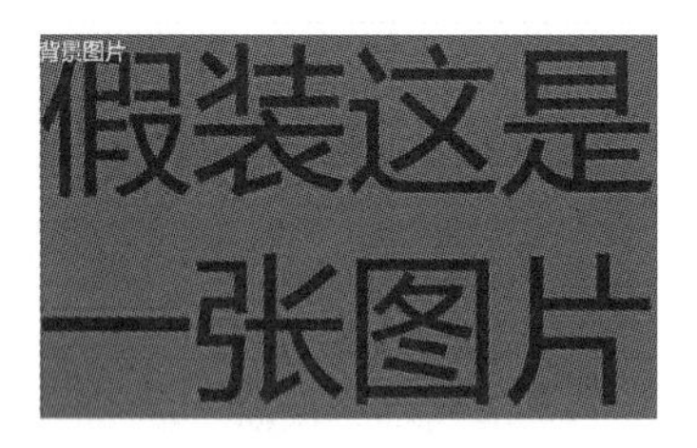

图5-11 例5-11运行结果

背景图片的常用属性见表 5-1。

表 5-1 背景图片的常用属性

属 性	属 性 值	作 用
background-attachment	scroll、fixed	背景图片固定与否，分别对应随内容滚动和固定背景图片
background-repeat	repeat、no-repeat、repeat-x、repeat-y	图片重复，分别代表 X 和 Y 轴都重复、不重复、X 轴重复、Y 轴重复
background-position	top、bottom、left、right、center，百分比	定位图片的位置，分别设置 X 轴和 Y 轴的值，省略则默认为 top

5.4　CSS三大特性

在 CSS 中有三个非常重要的特性，分别是层叠性、继承性和优先级。学习这三大特性需要熟练掌握前面的知识，这是建立在 HTML 和 CSS 基础上的知识点。

1. 层叠性

CSS 层叠性是给同一个元素设置相同属性造成的问题，一般遵循就近原则，也就是哪个样式离元素近就执行哪个样式。

特征：

（1）在例 5-12 中，离标签 div 更近的样式属性 font-family 和 background-color 覆盖了原先的样式，而属性 width 和 height 不会冲突。

（2）不冲突的样式不会有层叠性问题，会直接执行样式。

（3）后期动态改变样式本质上就是利用层叠性的就近原则。

例 5-12 层叠性.html，运行结果如图 5-12 所示。

```
<!DOCTYPE html>
<html lang="en">
<head>
    <meta charset="UTF-8">
    <meta http-equiv="X-UA-Compatible" content="IE=edge">
    <meta name="viewport" content="width=device-width, initial-scale=1.0">
    <title>层叠性</title>
    <style>
        div {
            width: 100px;
            height: 50px;
            font-family: "宋体";
            background-color: red;
        }
        div {
            font-family: "黑体";
            background-color: blue;
        }
    </style>
</head>
<body>
    <div>遵循就近原则</div>
</body>
</html>
```

例5-12　层叠性.html

图5-12　例5-12运行结果

彩色图片

图5-12

2. 继承性

CSS 继承性，就是当前元素执行上级元素（包围标签）的样式，比如元素的宽度和高度，以及字体和字体格式等。

特征：

（1）利用继承性这一特性，可以降低代码的冗余度，从而精简代码。

（2）如果不需要上级元素的样式，就要减少继承性带来的样式影响。

例 5-13 继承性.html，运行结果如图 5-13 所示。

```
<!DOCTYPE html>
<html lang="en">
<head>
    <meta charset="UTF-8">
    <meta http-equiv="X-UA-Compatible" content="IE=edge">
    <meta name="viewport" content="width=device-width, initial-scale=1.0">
    <title>继承性</title>
    <style>
        div {
            font-family: "黑体";
            font-weight: 700;
        }
    </style>
</head>
<body>
    <span>正常的文字</span>
    <div>
        <span>继承性的文字</span>
    </div>
</body>
</html>
```

例5-13　继承性.html

正常的文字
继承性的文字

图5-13　例5-13运行结果

3. 优先级

在 CSS 样式中，并非简单的样式层叠，大部分时候需要指定特定样式，从而达到个性化的样式需求，这个时候就需要利用 CSS 特性的优先级，从而更好地布局网页。

常用的样式优先级见表 5-2。

四个数字从右往左一级比一级高，但数字不会进位，比如权重 0,0,9,0 的样式增加一个 0,0,1,0 的样式，那么新的样式权重就只会变成 0,0,10,0，但还是要比 0,1,0,0 低。

表 5-2　样式权重

常用样式	权重级
继承和*（通配符选择器）	0,0,0,0
标签选择器	0,0,0,1
类选择器	0,0,1,0
ID 选择器	0,1,0,0
行内样式	1,0,0,0
!important	最高级别的权重，最重要的

特征：

（1）权重可以累加，但不能进位，低级别的样式权重永远无法通过同级别的样式累加来超过高级别的样式权重。

（2）在实际开发中，如果发现新增样式没有生效，就要考虑优先级问题。

例 5-14 优先级.html，运行结果如图 5-14 所示。

```
<!DOCTYPE html>
<html lang="en">
<head>
    <meta charset="UTF-8">
    <meta http-equiv="X-UA-Compatible" content="IE=edge">
    <meta name="viewport" content="width=device-width, initial-scale=1.0">
    <title>优先级</title>
    <style>
        div {
            width: 120px;
            height: 20px;
            background-color: red;
        }
        .classDiv {
            width: 140px;
        }
        #idDiv {
            width: 160px;
        }
    </style>
</head>
<body>
    <div>标签选择器级别</div>
    <div class="classDiv">类选择器级别</div>
    <div id="idDiv">ID选择器级别</div>
    <div style="width:180px">行内样式级别</div>
</body>
</html>
```

例5-14　优先级.html

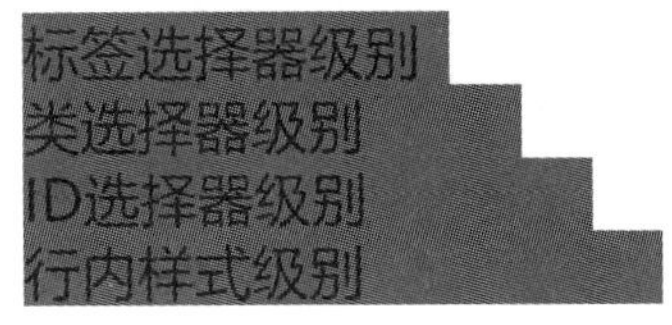

图5-14　例5-14运行结果

图5-14

第 6 章 CSS 盒子模型、浮动和定位

学习目标

1. 了解盒子模型
2. 了解 CSS 浮动
3. 了解 CSS 定位

6.1 盒子模型

网页布局中的 CSS 样式有三大核心，分别是盒子模型、浮动和定位，本章将围绕这三部分展开学习。

1. 盒子模型的概念

盒子模型在前面提到的 div 和 span 中已有所提及，本质上就是一个个盒子，只不过在后面的学习中，任何一个元素都可以称为盒子，而网页布局就相当于堆砌一个个盒子。

图 6-1 所示的盒子模型由四部分组成，分别是边框、外边距、内边距和内容。

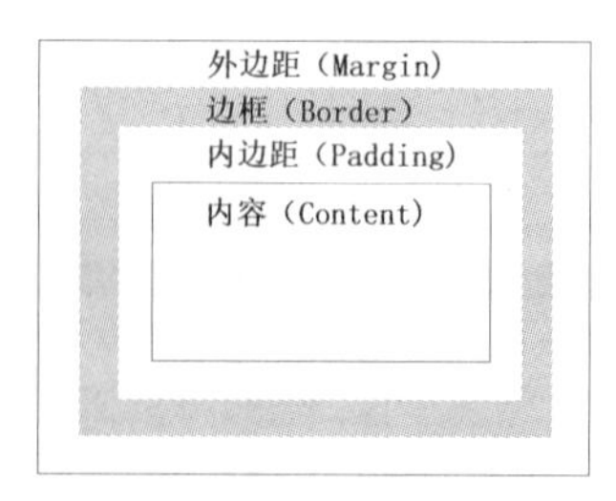

图6-1　盒子模型

2. padding 内边距

内边距是内容和边框之间的距离，设置 padding 属性时有四个值，分别是 padding-top、padding-right、padding-bottom 和 padding-left。

设置 padding 属性值的语法有四种表达方式，见表 6-1。

表 6-1 padding 书写格式

语 法 格 式	作 用
padding：1px;	上下左右的内边距都是 1 px
padding：1px 2px;	上下内边距是 1 px，左右内边距是 2 px
padding：1px 2px 3px;	上内边距是 1 px，左右内边距是 2 px，下内边距是 3 px
padding：1px 2px 3px 4px;	上内边距是 1 px，右内边距是 2 px，下内边距是 3 px，左内边距是 4 px

特征：

（1）一旦给内容增加内边距，就会影响整个盒子的大小。

（2）在例 6-1 中，div 的宽高都是 100 px，而网页实际效果是 120 px，其中差距就是内边距 10 px 起的作用。

（3）要想消除内边距造成的盒子效果，应当计算并减去内边距的大小。

（4）如果元素没有给定 width 和 height 值，实际效果的 width 和 height 值就不会被 padding 撑大。

例 6-1 内边距.html，运行结果如图 6-2 所示。

```
<!DOCTYPE html>
<html lang="en">
<head>
    <meta charset="UTF-8">
    <meta http-equiv="X-UA-Compatible" content="IE=edge">
    <meta name="viewport" content="width=device-width, initial-scale=1.0">
    <title>内边距</title>
    <style>
        div {
            width: 100px;
            height: 100px;
            background-color: green;
            padding: 10px;
        }
    </style>
</head>
<body>
    <div>内边距</div>
</body>
</html>
```

例6-1 内边距.html

图6-2 例6-1运行结果

3. border 边框

可以分别通过宽度、样式和颜色来设置边框的属性。

语法：

```
元素 { border-width: 像素值; }
元素 { border-style: 属性值; }
元素 { border-color: 颜色值; }
```

也可以用联合的写法来设置边框的属性。

语法：

```
border: border-width值 border-style值 border-color值 ;
```

特征：

（1）一旦给内容增加边框，就会影响整个盒子的大小。

（2）在例 6-2 中，div 的宽高都是 100 px，而网页实际效果是 120 px，其中差距就是边框 10 px 起的作用。

（3）要想消除边框造成的盒子效果，应当计算并减去边框的大小。

（4）如果元素没有给定 width 和 height 值，实际效果的 width 和 height 值就不会被 border 撑大。

例 6-2 边框.html，运行结果如图 6-3 所示。

```
<!DOCTYPE html>
<html lang="en">
<head>
    <meta charset="UTF-8">
    <meta http-equiv="X-UA-Compatible" content="IE=edge">
    <meta name="viewport" content="width=device-width, initial-scale=1.0">
    <title>边框</title>
    <style>
        div {
            width: 100px;
            height: 100px;
            background-color: green;
            border-width: 10px;
            border-style: dotted;
            border-color: blue;
            /* 上面三行代码的效果等同于下面一行代码的效果 */
            /* border: 10px dotted blue; */
        }
    </style>
</head>
<body>
    <div>边框</div>
</body>
</html>
```

例6-2 边框.html

图6-3　例6-2运行结果

边框的 border-collapse 属性用来控制相邻边框是否要折叠，经常用于表格中有重复边框时折叠。

语法：

```
border-collapse: collapse;
```

4. margin 外边距

外边距就是元素与元素之间，在盒子模型中就是盒子与盒子之间的距离，与内边距相似，设置 margin 属性时也有四个值，分别是 margin-top、margin-right、margin-bottom 和 margin-left。

在设置 margin 属性值时，语法也有四种表达方式，与 padding 相似。

特征：

（1）利用外边距可实现水平居中的效果，只需设置属性 width 和左右外边距都是 auto 即可。

（2）当相邻元素（元素相同，并且紧挨）的外边距设置上边距和下边距重叠时，那么取两个值的最大值。

（3）当上下级元素（包围的关系）的外边距设置上边距和下边距重叠时，那么上级元素会取两个值的最大值。

（4）清除内外边距，可以使用通配符选择器 * { padding:0;　margin:0; }。

目前学到外边距 margin 时，暂时不用和内边距 padding 进行比较。

例 6-3 外边距.html，运行结果如图 6-4 所示。

```
<!DOCTYPE html>
<html lang="en">
<head>
    <meta charset="UTF-8">
    <meta http-equiv="X-UA-Compatible" content="IE=edge">
    <meta name="viewport" content="width=device-width, initial-scale=1.0">
    <title>外边距</title>
    <style>
        div {
            width: 100px;
            height: 40px;
        }
```

```
        .firstDiv {
            margin-bottom: 10px;
            background-color: red;
        }
        .secondDiv {
            background-color: green;
        }
    </style>
</head>
<body>
    <div class="firstDiv"></div>
    <div class="secondDiv"></div>
</body>
</html>
```

例6-3　外边距.html

如果将例 6-3 外边距.html 中的代码 margin-bottom: 10px;去掉，就不会有外边距，运行结果如图 6-5 所示。

图6-4　设置外边距时运行结果

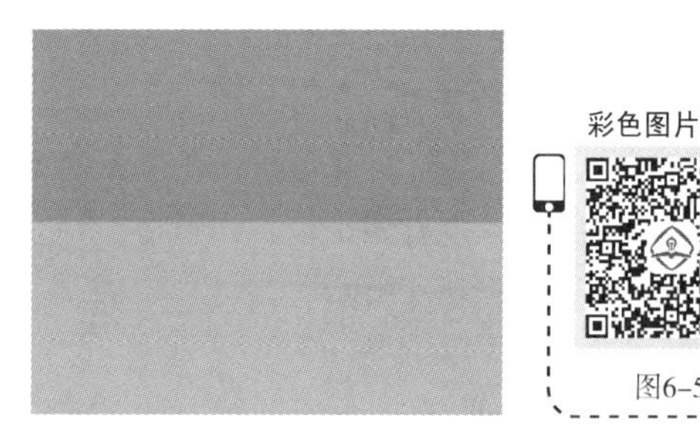

图6-5　无外边距时运行结果

6.2　CSS浮动

1. 网页布局

网页布局就是堆砌盒子，前面通过学习 HTML 标签和 CSS 样式进行布局，这是第一种网页布局方式，也是普通的布局方式，称为文档流，就是按照块级标签、行内标签和行内块标签本身所拥有的属性进行网页布局。

除了文档流，在 CSS 中还有两种网页布局方式，分别是浮动和定位。

2. 浮动应用

浮动可以让元素浮动起来，按照需求浮动到左边或者右边，从而实现浮动的效果。

最典型的浮动应用就是让块级元素显示在同一行，比如实现 div 一行排列的效果。

语法：

```
元素 { float: 属性值; }
```

float 属性值见表 6-2。

表 6-2　float 属性值

属 性 值	作　　用
none	默认值，不浮动
left	往左侧浮动
right	往右侧浮动

特征：

（1）设置浮动的元素会脱离文档流，实现块级标签一行显示。

（2）浮动的元素是相互紧挨在一起的，中间不会留有空隙。

例 6-4 浮动.html，运行结果如图 6-6 所示。

```
<!DOCTYPE html>
<html lang="en">
<head>
    <meta charset="UTF-8">
    <meta http-equiv="X-UA-Compatible" content="IE=edge">
    <meta name="viewport" content="width=device-width, initial-scale=1.0">
    <title>浮动</title>
    <style>
        .leftFloat {
            width: 50px;
            height: 50px;
            float: left;
            background-color: blue;
        }
        .rightFloat {
            width: 60px;
            height: 60px;
            float: right;
            background-color: green;
        }
    </style>
</head>
<body>
    <div class="leftFloat"></div>
    <div class="rightFloat"></div>
</body>
</html>
```

例6-4　浮动.html

图6-6　例6-4运行结果

3. 浮动特性

浮动的元素将不再拥有原来的位置，而后面的元素会顶替上来，不过要注意前面的元素不会受任何影响。

例 6-5 浮动不留位置.html，运行结果如图 6-7 所示。

```
<!DOCTYPE html>
<html lang="en">
<head>
    <meta charset="UTF-8">
    <meta http-equiv="X-UA-Compatible" content="IE=edge">
    <meta name="viewport" content="width=device-width, initial-scale=1.0">
    <title>浮动不留位置</title>
    <style>
        .leftFloat {
            width: 50px;
            height: 50px;
            float: left;
            background-color: blue;
        }
        .rightFloat {
            width: 60px;
            height: 60px;
            background-color: green;
        }
    </style>
</head>
<body>
    <div class="leftFloat"></div>
    <div class="rightFloat"></div>
</body>
</html>
```

例6-5　浮动不留位置.html

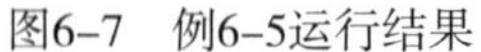

图6-7　例6-5运行结果

任何元素都可以设置浮动属性，有了浮动属性之后的元素，再设置宽度和高度都将生效。比如给行内元素 span 设置浮动属性之后，再设置宽度和高度将生效。

例 6-6 浮动元素属性.html，运行结果如图 6-8 所示。

```
<!DOCTYPE html>
<html lang="en">
<head>
    <meta charset="UTF-8">
    <meta http-equiv="X-UA-Compatible" content="IE=edge">
    <meta name="viewport" content="width=device-width, initial-scale=1.0">
    <title>浮动元素属性</title>
    <style>
        span {
            float: left;
            width: 100px;
            height: 80px;
            background-color: green;
        }
    </style>
</head>
<body>
    <span>浮动元素属性</span>
</body>
</html>
```

例6-6　浮动元素属性.html

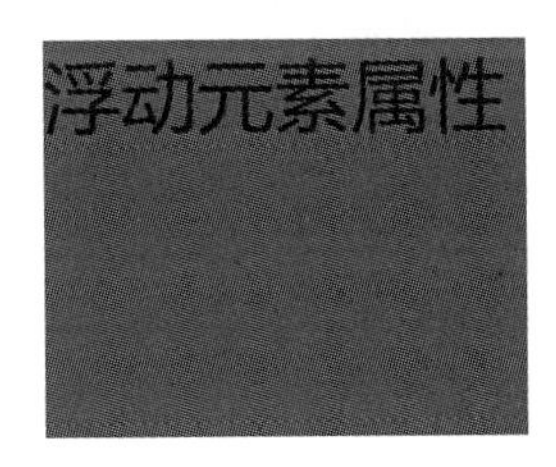

图6-8　例6-6运行结果

4. 浮动布局

利用浮动这一特性，再结合基础的文档流，就能运用到网页布局中，一般网页布局策略是先用文档流布局上级元素，然后在上级元素中采用浮动元素来布局。

特征：

（1）利用文档流的元素控制页面的垂直位置，利用浮动的元素控制页面的水平位置。

（2）当水平位置的元素设置浮动之后，一般相邻元素也都应设置浮动，防止出现位置重叠的现象。

例 6-7 浮动布局.html，运行结果如图 6-9 所示。

```
<!DOCTYPE html>
<html lang="en">
<head>
    <meta charset="UTF-8">
    <meta http-equiv="X-UA-Compatible" content="IE=edge">
    <meta name="viewport" content="width=device-width, initial-scale=1.0">
    <title>浮动布局</title>
```

```
    <style>
        .bigBox {
            width: 500px;
            height: 220px;
            margin: 10px auto;
            background-color: red;
        }
        .lefDiv {
            float: left;
            width: 300px;
            height: 200px;
            background-color: green;
        }
        .rightDiv {
            float: right;
            width: 200px;
            height: 200px;
            background-color: blue;
        }
    </style>
</head>
<body>
    <div class="bigBox">
        <div class="lefDiv">左侧</div>
        <div class="rightDiv">右侧</div>
    </div>
</body>
</html>
```

例6-7　浮动布局.html

彩色图片

图6-9

图6-9　例6-7运行结果

5. 清除浮动

浮动的特性可以让网页布局更多样化，但有些时候需要清除浮动，比如浮动的盒子不再占有位置，会影响后面的元素布局，此时就需要清除浮动带来的影响。

清除浮动本质上就是为了解决上级元素没有高度，而当前元素浮动，造成后面元素顶替上来的布局影响，也就是清除元素浮动后造成的脱离文档流影响。

例 6-8 浮动的弊端.html，运行结果如图 6-10 所示。

```
<!DOCTYPE html>
<html lang="en">
```

```
<head>
    <meta charset="UTF-8">
    <meta http-equiv="X-UA-Compatible" content="IE=edge">
    <meta name="viewport" content="width=device-width, initial-scale=1.0">
    <title>浮动的弊端</title>
    <style>
        .bigBox {
            width: 500px;
            background-color: red;
        }
        .lefDiv {
            float: left;
            width: 300px;
            height: 300px;
            background-color: green;
        }
        .rightDiv {
            float: left;
            width: 200px;
            height: 300px;
            background-color: blue;
        }
        .smallBox {
            height: 400px;
            background-color: black;
        }
    </style>
</head>
<body>
    <div class="bigBox">
        <div class="lefDiv">左侧</div>
        <div class="rightDiv">右侧</div>
    </div>
    <div class="smallBox"></div>
</body>
</html>
```

例6-8　浮动的弊端.html

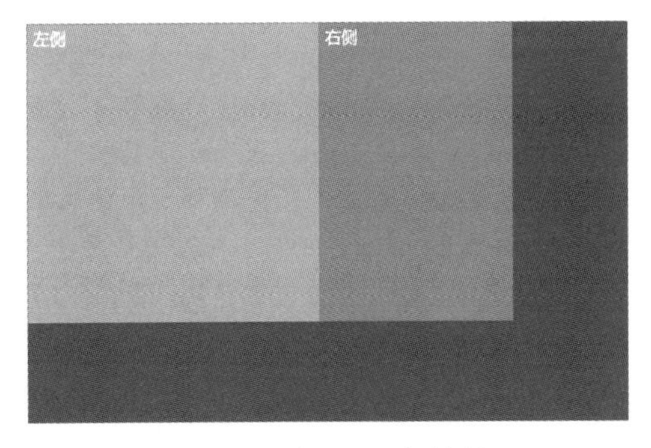

彩色图片

图6-10

图6-10　例6-8运行结果

通过例 6-8 的运行结果能看到，由于大盒子 bigBox 自身没有高度，而里面两个 div 都有浮动，后面的小盒子 smallBox 就会顶替上来，而小盒子 smallBox 的宽度和高度都超出大盒子的范围。

在清除浮动后，大盒子就会检测到里面两个 div 的高度，一旦有了高度，后面的小盒子就不会顶替上来。清除浮动的方法有四种。

（1）额外标签法，原理是新增一个空盒子，并设置 clear 属性，按需求赋值 both、left 和 right，比如在案例中把大盒子和小盒子进行隔离，从而达到清除浮动的目的。

语法：

```
<元素 style="clear: 属性值"></元素>
```

clear 属性值见表 6-3。

表 6-3　clear 属性值

属 性 值	作　　用
both	清除左右两侧浮动带来的影响
left	清除左侧浮动带来的影响
right	清除右侧浮动带来的影响

例 6-9 清除浮动.html，运行结果如图 6-11 所示。

```
<!DOCTYPE html>
<html lang="en">
<head>
    <meta charset="UTF-8">
    <meta http-equiv="X-UA-Compatible" content="IE=edge">
    <meta name="viewport" content="width=device-width, initial-scale=1.0">
    <title>清除浮动</title>
    <style>
        .bigBox {
            width: 500px;
            background-color: red;
        }
        .lefDiv {
            float: left;
            width: 300px;
            height: 300px;
            background-color: green;
        }
        .rightDiv {
            float: left;
            width: 200px;
            height: 300px;
            background-color: blue;
        }
        .smallBox {
            height: 400px;
            background-color: black;
        }
    </style>
</head>
```

```
<body>
    <div class="bigBox" style="clear:both">
        <div class="lefDiv">左侧</div>
        <div class="rightDiv">右侧</div>
    </div>
    <!-- 在大盒子后面增加一个空盒子，新增样式clear属性的值 -->
    <div style="clear:both"></div>
    <div class="smallBox"></div>
</body>
</html>
```

例6-9　清除浮动.html

图6-11　例6-9运行结果

（2）给上级元素添加 overflow 属性，并将属性值赋予 hidden、auto 和 scroll。

语法：

```
<元素 style="overflow: 属性值"></元素>
```

overflow 属性值见表 6-4。

表 6-4　overflow 属性值

属　性　值	作　　用
hidden	超出内容不可见
auto	超出内容不可见，则以滚动条的方式查看
scroll	不论有没有超出内容，都显示滚动条

（3）新增一个“空”盒子，与额外标签法相似，但不需要新增盒子，只需给要清除浮动的元素添加指定样式即可。

语法：

```
选择器:after {
    content: "";
    display: block;
    height: 0;
    clear: both;
    visibility: hidden;
}
```

（4）新增“空”盒子，与额外标签法相似，但不需要新增盒子，只需给要清除浮动的元素添加指定样式即可。

语法：

```
选择器:before,
选择器:after {
    content: "";
    display: table;
}
选择器:after {
    clear: both;
}
```

清除浮动的四种方法各有特点，见表 6-5。

表 6-5　清除浮动

清除浮动的方法	特　　点	注 事 事 项
额外标签法	书写简单，代码易懂，但会增加额外标签，不太美观	额外标签必须是块级元素，才能起到“隔离”的作用
overflow 属性	仅需一行代码，但会影响内容的布局显示	超出内容的用户体验会受到影响
单伪元素法	不用新增盒子，但书写代码会更加复杂	相比第一种进行了优化，要显得更加高级
双伪元素法	代码会更加精简	相比第三种，需要单独设置样式

6.3　CSS定位

定位和浮动一样，都是网页布局的一种重要方式，都是为了丰富文档流布局，浮动可以让任意元素在一行内显示，而定位则可以让任意元素移动或固定在页面中的任意位置。

1. 定位简介

定位由两部分组成，分别是定位类型和定位距离，即用什么类型的定位，相对什么元素定位多少距离。

定位类型见表 6-6，而定位距离有四个位置的值，见表 6-7。

表 6-6　定位类型

定 位 类 型	作　　用
static	静态定位
relative	相对定位
absolute	绝对定位
fixed	固定定位
sticky	黏性定位

表 6-7　定位位置

定 位 类 型	作　　用
top	定位上端位置的距离
bottom	定位下端位置的距离
left	定位左端位置的距离
right	定位右端位置的距离

2. static 静态定位

静态定位是没有定位，元素默认定位就是静态定位，用 static 表示，写静态定位与没写的效果是一样的，因此基本上不使用。

语法：

```
<元素 style="position: static"></元素>
```

3. relative 相对定位

相对定位是元素相对于原来位置的定位，参照物是元素本身的位置。

语法：

```
元素 {
  position: relative;
  top: 像素值;
  bottom: 像素值;
  left: 像素值;
  right: 像素值;
}
```

特征：

（1）相对定位会离开原来的位置，但并未脱离文档流。

（2）相对定位的元素，原来的位置还保留，后面的元素只能排在当前元素原来位置的后面，并不能顶替上去。

例 6-10 相对定位.html，运行结果如图 6-12 所示。

```
<!DOCTYPE html>
<html lang="en">
<head>
    <meta charset="UTF-8">
    <meta http-equiv="X-UA-Compatible" content="IE=edge">
    <meta name="viewport" content="width=device-width, initial-scale=1.0">
    <title>相对定位</title>
    <style>
        .firstDiv {
            position: relative;
            top: 20px;
            left: 20px;
            width: 100px;
            height: 40px;
            background-color: red;
        }
        .secondDiv {
            width: 100px;
            height: 80px;
            background-color: blue;
        }
    </style>
</head>
<body>
```

```
    <div class="firstDiv"></div>
    <div class="secondDiv"></div>
</body>
</html>
```

例6-10　相对定位.html

图6-12　例6-10运行结果

4. absolute 绝对定位

绝对定位本质上也是一种相对定位，只不过元素是相对于最近有定位的上级元素来定位，如果上级元素没有相对定位、绝对定位和固定定位的任意一种，那么就相对文档（Document）的位置来定位。

语法：

```
元素 {
   position: absolute;
   top: 像素值;
   bottom: 像素值;
   left: 像素值;
   right: 像素值;
}
```

特征：

（1）在使用绝对定位时，务必弄清楚要相对的上级元素是否有定位（相对定位、绝对定位和固定定位）。

（2）绝对定位与相对定位不同，会脱离文档流，不再保留原来的位置，而后面的元素会顶替上来。

（3）绝对定位往往和相对定位搭配使用，一般利用相对定位的不脱离文档流特点来占据位置，而里面的布局元素则利用绝对定位来定位任意位置。

例 6-11 绝对定位.html，运行结果如图 6-13 所示。

```
<!DOCTYPE html>
<html lang="en">
<head>
    <meta charset="UTF-8">
    <meta http-equiv="X-UA-Compatible" content="IE=edge">
    <meta name="viewport" content="width=device-width, initial-scale=1.0">
    <title>绝对定位</title>
```

```
    <style>
        .bigBox {
            position: relative;
            width: 200px;
            height: 100px;
            background-color: red;
        }
        .smallBox {
            position: absolute;
            bottom: 20px;
            left: 20px;
            width: 50px;
            height: 50px;
            background-color: blue;
        }
    </style>
</head>
<body>
    <div class="bigBox">
        <div class="smallBox"></div>
    </div>
</body>
</html>
```

例6-11　绝对定位.html

彩色图片

图6-13

图6-13　例6-11运行结果

如果例 6-11 中大盒子 bigBox 没有定位，也就是把类选择器.bigBox 中的样式 position: relative; 删除，那么运行结果如图 6-14 所示，小盒子 smallBox 会相对文档（Document）进行定位。

图6-14　运行结果

5. fixed 固定定位

固定定位本质上也是一种相对定位，只不过元素是相对于浏览器可视区域来定位，一般应用于相对浏览器固定位置的元素。

语法：

```
元素 {
   position: fixed;
   top: 像素值;
   bottom: 像素值;
   left: 像素值;
   right: 像素值;
}
```

特征：

（1）固定定位的元素，相对的就是浏览器的位置，不随浏览器滚动条滚动。

（2）固定定位的元素会脱离文档流，不过不用在意上级元素是否有定位，因为上级元素是浏览器可视区域。

例 6-12 固定定位.html，运行结果如图 6-15 所示。随着浏览器滚动条任意滚动，固定定位的 div 盒子都不会变动位置。

```
<!DOCTYPE html>
<html lang="en">
<head>
    <meta charset="UTF-8">
    <meta http-equiv="X-UA-Compatible" content="IE=edge">
    <meta name="viewport" content="width=device-width, initial-scale=1.0">
    <title>固定定位</title>
    <style>
        .fixedDiv {
            position: fixed;
            right: 20px;
            width: 100px;
            height: 50px;
            background-color: blue;
        }
        .bgDiv {
            width: 180px;
            height: 2000px;
            background-color: red;
        }
    </style>
</head>
<body>
    <div class="fixedDiv">固定定位</div>
    <div class="bgDiv"></div>
</body>
</html>
```

例6-12　固定定位.html

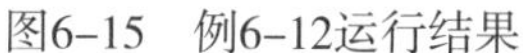
图6-15　例6-12运行结果

6. sticky 黏性定位

黏性定位是相对定位和固定定位的结合体，一开始以相对定位显示位置，等到达固定定位的位置就会固定住。

语法：

```
元素 {
  position: sticky;
  top: 像素值;
  bottom: 像素值;
  left: 像素值;
  right: 像素值;
}
```

特征：

（1）黏性定位的元素，不会脱离文档流，原来的位置还会保留。

（2）黏性定位，最终定位的位置还是相对于浏览器可视区域的。

例 6-13 黏性定位.html，第一次页面加载结果如图 6-16 所示，随着浏览器滚动条往下滚动，黏性定位的 div 盒子会定位在距离浏览器顶部 10 px 的位置，此后不会随滚动条滚动而变化，运行结果如图 6-17 所示。

```
<!DOCTYPE html>
<html lang="en">
<head>
   <meta charset="UTF-8">
   <meta http-equiv="X-UA-Compatible" content="IE=edge">
   <meta name="viewport" content="width=device-width, initial-scale=1.0">
   <title>黏性定位</title>
   <style>
      .stickyDiv {
         position: sticky;
         top: 10px;
         width: 100px;
         height: 50px;
         margin-top: 100px;
         background-color: blue;
      }
      body {
```

```
            height: 1000px;
        }
    </style>
</head>
<body>
    <div class="stickyDiv">黏性定位</div>
</body>
</html>
```

例6-13　黏性定位.html

图6-16　例6-13运行结果（一）

图6-17　例6-13运行结果（二）

7. z-index 定位权限

在使用定位布局时，可能会出现元素重叠的问题，为了消除这种布局的影响，可以使用属性 z-index 设置权限。

语法：

```
元素 { z-index: 数字; }
```

特征：

（1）只有定位的元素才有 z-index 属性，默认值一样。

（2）属性 z-index 的值是整数，包括负数、零和正数，值越大，往上显示的权限越大。

（3）如果 z-index 值相同，就从上往下依次增加显示权限。

例 6-14 定位权限.html，运行结果如图 6-18 所示，第一个 DIV 盒子的定位权限 z-index 值要更高，也就显示在最上面。

如果第一个 DIV 盒子的样式中去掉 z-index:10;，运行结果如图 6-19 所示。

```
<!DOCTYPE html>
<html lang="en">
<head>
    <meta charset="UTF-8">
    <meta http-equiv="X-UA-Compatible" content="IE=edge">
    <meta name="viewport" content="width=device-width, initial-scale=1.0">
```

```
    <title>定位权限</title>
    <style>
        .firstDiv {
            position: absolute;
            left: 10px;
            width: 170px;
            height: 90px;
            background-color: red;
            z-index: 10;
        }
        .secondDiv {
            position: absolute;
            left: 10px;
            width: 160px;
            height: 80px;
            background-color: blue;
        }
    </style>
</head>
<body>
    <div class="firstDiv">第一个DIV盒子</div>
    <div class="secondDiv">第二个DIV盒子</div>
</body>
</html>
```

例6-14　定位权限.html

图6-18　例6-14运行结果（一）

图6-19　例6-14运行结果（二）

彩色图片

图6-18

彩色图片

图6-19

8. 定位特性

在使用绝对定位和相对定位搭配布局网页时，绝对定位的元素无法利用 margin 属性的 auto 值实现水平居中的效果，不过可以用定位来实现。

语法：

```
元素 {
  position: absolute;
  /* 上级元素宽度的一半 */
  left: 50%;
  /* 往左边移动自身宽度的一半 */
```

```
    margin-left: 自身宽度一半的值;
}
```

特征：

绝对定位和固定定位的行内标签，设置宽度和高度都会生效，这点与浮动一样。

例 6-15 定位水平居中.html，运行结果如图 6-20 所示。

原理是先将元素移动到上级元素宽度的一半位置，然后再往回退自身元素宽度的一半，同样垂直居中也可以用这种方法实现。

```
<!DOCTYPE html>
<html lang="en">
<head>
    <meta charset="UTF-8">
    <meta http-equiv="X-UA-Compatible" content="IE=edge">
    <meta name="viewport" content="width=device-width, initial-scale=1.0">
    <title>定位水平居中</title>
    <style>
        .bigBox {
            position: relative;
            width: 200px;
            height: 100px;
            background-color: red;
        }
        .smallBox {
            position: absolute;
            left: 50%;
            margin-left: -40px;
            top: 50%;
            margin-top: -20px;
            width: 80px;
            height: 40px;
            background-color: blue;
        }
    </style>
</head>
<body>
    <div class="bigBox">
        <div class="smallBox"></div>
    </div>
</body>
</html>
```

例6-15　定位水平居中.html

图6-20　例6-15运行结果

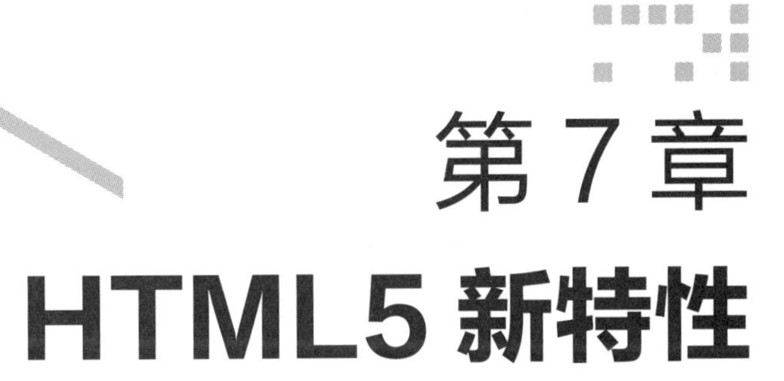

第7章 HTML5新特性

学习目标

1. 了解 HTML 发展历程
2. 掌握 HTML 5 新增标签
3. 掌握新增表单类型和属性

7.1 HTML发展历程

HTML 发展历程如图 7-1 所示。

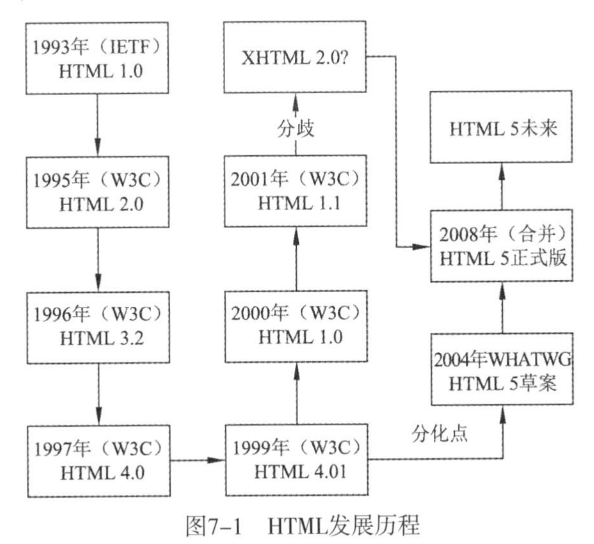

图7-1　HTML发展历程

7.2 HTML 5新增标签

在 HTML 5 中新增了一些语义化标签，可大大提升前端页面的丰富性。

1. 语义标签

在 HTML 5 中新增了一些语义化标签，语义标签指的是那些有清晰定义的标签，比如前面介绍的 table（表格）和 img（图像）都属于语义标签，而 div 和 span 属于非语义标签。

新增的语义标签有 article（文章）、aside（侧边）、footer（尾部）、header（头部）、main（主体）、nav（导航）、section（章节）和 time（时间）等。

特征：

（1）HTML 5 新增的语义标签有利于搜索引擎优化。

（2）在高版本浏览器和移动端中，不用考虑语义标签的兼容性。

例 7-1 语义标签.html，运行结果如图 7-2 所示。

```
<!DOCTYPE html>
<html lang="en">
<head>
    <meta charset="UTF-8">
    <meta http-equiv="X-UA-Compatible" content="IE=edge">
    <meta name="viewport" content="width=device-width, initial-scale=1.0">
    <title>语义标签</title>
    <style>
        header,
        nav,
        footer {
            width: 300px;
            height: 22px;
            border-radius: 10px;
            background-color: green;
            text-align: center;
            line-height: 22px;
            margin-top: 5px;
        }
        main,
        aside {
            display: inline-block;
            height: 100px;
            border-radius: 10px;
            background-color: green;
            text-align: center;
            line-height: 100px;
            margin-top: 5px;
        }
        main {
            width: 198px;
        }
        aside {
            width: 97px;
        }
    </style>
</head>
```

```
<body>
    <header>头部</header>
    <nav>导航</nav>
    <main>主体</main>
    <aside>侧边</aside>
    <footer>尾部</footer>
</body>
</html>
```

例7-1　语义标签.html

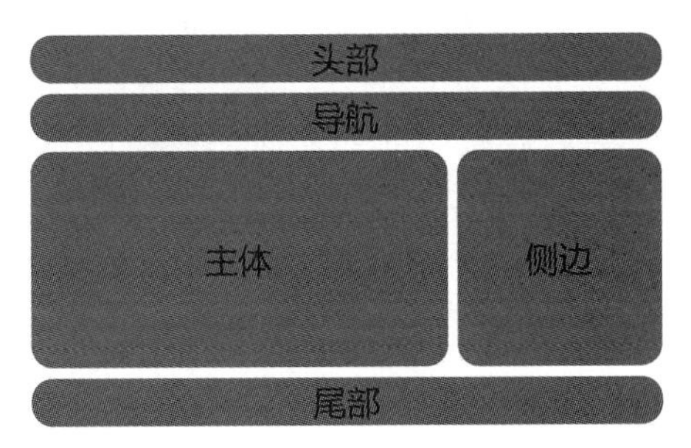

图7-2　例7-1运行结果

2. 音频标签

音频标签用一对 audio 标签包围起来，只需将要播放的音频放入其中，支持的音频格式有三种，分别是 mp3、wav 和 ogg。

通过设置音频标签的属性来定制个性化需求，音频属性见表 7-1。

语法：

```
<audio src="音频地址"></audio>
```

表 7-1　音频属性

属　性	属 性 值	作　用
src	网址	加载音频的地址
autoplay	autoplay	当音频加载完就会自动播放
controls	controls	音频会显示控制栏，包含播放/暂停按钮和音量等
loop	loop	当音频播放结束后重新播放

特征：

（1）不是所有浏览器都支持三种格式的音频解析，暂时不用考虑兼容性问题。

（2）有些浏览器会为了用户友好性，禁止自动播放功能。

例 7-2 音频标签.html，运行结果如图 7-3 所示。

```
<!DOCTYPE html>
<html lang="en">
<head>
    <meta charset="UTF-8">
    <meta http-equiv="X-UA-Compatible" content="IE=edge">
    <meta name="viewport" content="width=device-width, initial-scale=1.0">
    <title>音频标签</title>
</head>
```

```
<body>
    <audio src="firstMusic.mp3" controls="controls"></audio>
</body>
</html>
```

例7-2 音频标签.html

0:00 / 0:00

图7-3 例7-2运行结果

3. 视频标签

视频标签用一对 video 标签包围要播放的视频文件，不再需要借助视频插件来播放视频格式的文件，支持的视频格式有三种，分别是 mp4、webm 和 ogg，也可以设置属性来定制需求，视频属性见表 7-2。

语法：

```
<video src="视频地址"></video>
```

表 7-2 视频属性

属性	属性值	作用
src	网址	加载视频的地址
autoplay	autoplay	当视频加载完就会自动播放
controls	controls	视频会显示控制栏，包含播放/暂停按钮和音量等
loop	loop	当视频播放结束后重新播放
width	像素值	播放器的宽度
height	像素值	播放器的高度
preload	auto、none	auto 会提前加载视频，而 none 则不提前加载
poster	图片地址	等待加载视频的图片
muted	muted	静音播放视频

特征：

（1）不同浏览器解析视频标签会有差异性，暂时不用考虑兼容性。

（2）最好用 mp4 格式加载视频，那样会对浏览器更友好。

例 7-3 视频标签.html，运行结果如图 7-4 所示。

```
<!DOCTYPE html>
<html lang="en">
<head>
    <meta charset="UTF-8">
    <meta http-equiv="X-UA-Compatible" content="IE=edge">
    <meta name="viewport" content="width=device-width, initial-scale=1.0">
    <title>视频标签</title>
    <style>
        video {
            width: 200px;
            height: 120px;
```

```
        }
    </style>
</head>
<body>
    <video src="firstMovie.mp4" controls="controls" autoplay="autoplay"></video>
</body>
</html>
```

例7-3　视频标签.html

图7-4　例7-3运行结果

7.3　新增表单类型和属性

在 HTML 5 中新增的表单类型和属性，和前面新增的标签一样，在不断完善 HTML。

1. 新增表单类型

在 HTML 5 中，新增的表单类型见表 7-3。

语法：

```
<input type="表单类型" />
```

表 7-3　表单类型

类　型	作　用
color	选择颜色表单
date	输入日期类型的表单
email	输入邮箱格式的表单
month	输入月份的表单
number	输入数字的表单
tel	输入手机号码的表单
time	输入时间类型的表单
url	输入网址的表单
week	输入第几周的表单

例 7-4 表单类型.html，运行结果如图 7-5 所示。特定表单能限制用户输入的数据，比如邮箱类型的表单，当用户输入不符合邮箱格式的数据时，在提交表单后，就会有友好信息提示，运行结果如图 7-6 所示。

```
<!DOCTYPE html>
<html lang="en">
<head>
```

```
    <meta charset="UTF-8">
    <meta http-equiv="X-UA-Compatible" content="IE=edge">
    <meta name="viewport" content="width=device-width, initial-scale=1.0">
    <title>新增表单</title>
    <style>
        input {
            margin-top: 5px;
        }
    </style>
</head>
<body>
    <form action="getUserInfo.html" method="post" name="firstArea">
        颜 色: <input type="color"><br />
        日期: <input type="date"><br />
        邮箱: <input type="email"><br />
        第几月: <input type="month"><br />
        数字: <input type="number"><br />
        电话: <input type="tel"><br />
        时间: <input type="time"><br />
        网址: <input type="url"><br />
        第几周<input type="week"><br />
        <input type="submit" value="检验" />
    </form>
</body>
</html>
```

例7-4　表单类型.html

图7-5　例7-4运行结果（一）

图7-6　例7-4运行结果（二）

2. 新增表单属性

在 HTML 5 中，新增的表单属性见表 7-4。

表 7-4　表单属性

属　性	属 性 值	作　用
autocomplete	on、off	是否设置表单输入内容的自动完成
autofocus	autofocus	是否设置表单在页面加载时自动获取焦点
formaction	网址	覆盖 form 表单的 action 属性值
multiple	multiple	是否允许输入多个值
pattern	正则表达式	校验用户输入的数据是否符合固定格式
placeholder	文本	提示用户输入时的文字提示
required	required	是否设置为必需字段

例 7-5 表单属性.html，当必填项内为空数据时，一旦提交表单，那么页面就会友好提示，运行结果如图 7-7 所示。

```
<!DOCTYPE html>
<html lang="en">
<head>
   <meta charset="UTF-8">
   <meta http-equiv="X-UA-Compatible" content="IE=edge">
   <meta name="viewport" content="width=device-width, initial-scale=1.0">
   <title>表单属性</title>
</head>
<body>
   <form action="getUserInfo.html" method="post" name="firstArea">
      必填项: <input type="tel" required="required"><br />
      <input type="submit" value="检验" />
   </form>
</body>
</html>
```

例7-5　表单属性.html

图7-7　例7-5运行结果

第8章 CSS 3新特性

学习目标

1. 了解 CSS 发展历程
2. 熟练掌握新增选择器
3. 熟练掌握新增特性

8.1 CSS发展历程

CSS 发展历程如表 8-1 所示。

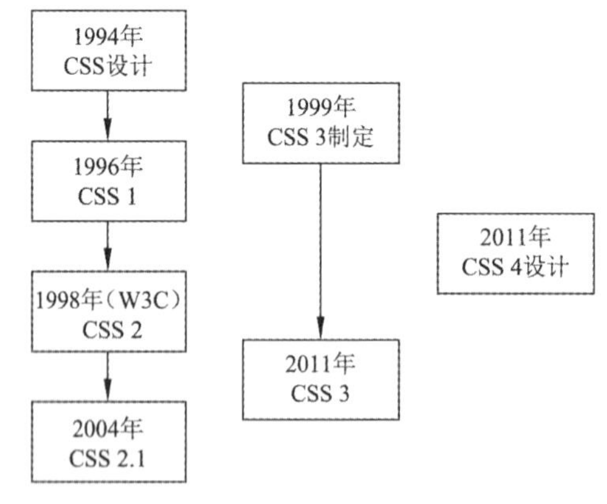

图8-1　CSS发展历程

8.2 新增选择器

在 CSS 3 中，新增的选择器包括属性选择器、伪类选择器和伪元素选择器。

1. 属性选择器

属性选择器是通过选择元素的某个属性或属性值来选择元素。

语法：

```
元素[属性] { 属性1: 属性值1; }
```

特征：

（1）除了选择具有某个属性的元素之外，还可以选择满足不同条件属性的元素，属性选择器见表 8-1。

（2）要选择满足多个属性条件的元素，只需要将条件以[]的形式并列即可。

表 8-1 属性选择器

选择器	作用
元素[属性]	选择带有某个属性的元素
元素[属性 1=属性值 1]	选择带有属性 1，并且属性值为属性值 1 的元素
元素[属性 1^=属性值 1]	选择带有属性 1，并且属性值以属性值 1 开头的元素
元素[属性 1$=属性值 1]	选择带有属性 1，并且属性值以属性值 1 结尾的元素
元素[属性 1*=属性值 1]	选择带有属性 1，并且属性值中含有属性值 1 的元素

例 8-1 属性选择器.html，运行结果如图 8-2 所示。

```
<!DOCTYPE html>
<html lang="en">
<head>
    <meta charset="UTF-8">
    <meta http-equiv="X-UA-Compatible" content="IE=edge">
    <meta name="viewport" content="width=device-width, initial-scale=1.0">
    <title>属性选择器</title>
    <style>
        div {
            height: 30px;
            background-color: red;
            margin-top: 5px;
            text-align: center;
            line-height: 30px;
        }
        div[name] {
            width: 120px;
        }
        div[name="teshuDiv"] {
            width: 150px;
        }
        div[name^="kaitouDiv"] {
            width: 180px;
        }
    </style>
</head>
<body>
    <div name="firstDiv">120X30</div>
    <div name="teshuDiv">150X30</div>
    <div name="kaitouDiv">180X30</div>
```

```
</body>
</html>
```

例8-1　属性选择器.html

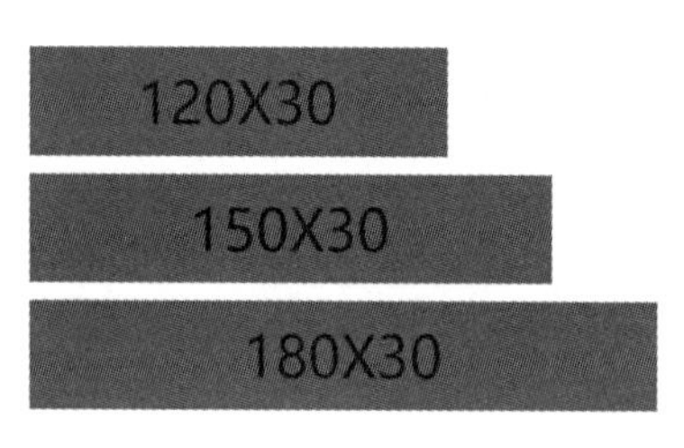

图8-2　例8-1运行结果

2. 伪类选择器

在 CSS 3 中，伪类选择器可选择上级元素中符合特定规则的子元素。伪类选择器见表 8-2。

语法：

```
元素:条件 { 属性1=属性值1; }
```

表 8-2　伪类选择器

选　择　器	作　　用
元素:first-child	选择上级元素中的第一个子元素
元素:last-child	选择上级元素中的最后一个子元素
元素:first-of-type	选择上级元素中某个类型的第一个元素
元素:last-of-type	选择上级元素中某个类型的最后一个元素
元素:nth-child(n)	选择上级元素中的第 *n* 个元素
元素:nth-of-type(n)	选择上级元素中某个类型的第 *n* 个元素
元素:nth-last-child(n)	选择上级元素中的第 *n* 个元素，从最后一个开始数
元素:nth-last-of-type(n)	选择上级元素中某个类型的第 *n* 个元素，从最后一个开始数

特征：

（1）CSS 3 的伪类选择器，是在原有 CSS 伪类选择器基础上新增的，不会产生冲突。

（2）nth-child(n)和 nth-of-type(n)的区别在于，前者是先对所有子元素进行排序，然后通过 *n* 找到元素进行选择与否，而后者还是要先排序，不过是从第一个开始选择，直到找到第 *n* 个元素。

（3）nth-child(n)和 nth-of-type(n)中的参数 *n*，可以是数字、关键字（odd 奇数、even 偶数）和公式，并且 *n* 从 0 开始计数。

例 8-2 伪类选择器.html，运行结果如图 8-3 所示。

```
<!DOCTYPE html>
<html lang="en">
<head>
    <meta charset="UTF-8">
    <meta http-equiv="X-UA-Compatible" content="IE=edge">
    <meta name="viewport" content="width=device-width, initial-scale=1.0">
    <title>伪类选择器</title>
    <style>
```

```
        div {
            width: 100px;
            height: 20px;
            background-color: green;
            margin-top: 5px;
            text-align: center;
            line-height: 20px;
        }
        #bigDiv div:first-child {
            width: 120px;
        }
        #bigDiv div:nth-child(3) {
            width: 160px;
        }
        #bigDiv div:nth-child(even) {
            width: 200px;
        }
    </style>
</head>
<body>
    <div id="bigDiv">
        <div>120X20</div>
        <div>200X20</div>
        <div>160X20</div>
        <div>200X20</div>
        <div>100X20</div>
    </div>
</body>
</html>
```

例8-2 伪类选择器.html

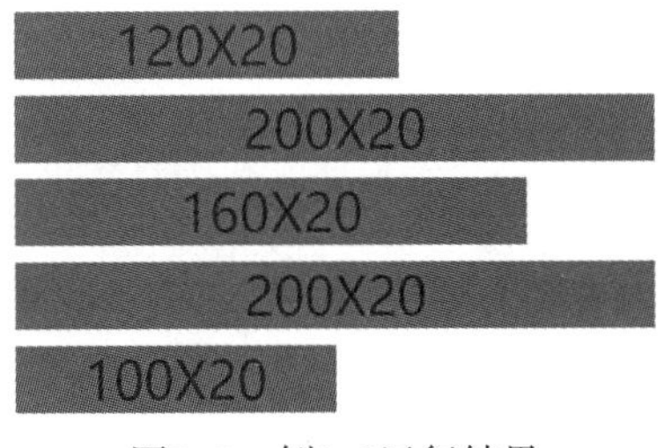

图8-3 例8-2运行结果

3. 伪元素选择器

伪元素选择器是利用 CSS 创建新标签，但又不是真正的 HTML 标签，因此称伪元素。伪元素选择器见表 8-3。

语法：

```
元素::条件 {
        属性1: 属性值1;
        属性2: 属性值2;
}
```

表 8-3 伪元素选择器

选 择 器	作 用
元素::before	在元素中的前面位置新增属性
元素::after	在元素中的后面位置新增属性

特征：

（1）通过 before 和 after 创建的属性所产生的元素，都是行内元素。

（2）属性 content 是必须要有的，不能省略。

（3）在前面学习清除浮动中，伪元素选择器的应用就非常广泛。

（4）千万要注意元素后面跟着两个冒号“::”。

例 8-3 伪元素选择器.html，运行结果如图 8-4 所示。

```
<!DOCTYPE html>
<html lang="en">
<head>
    <meta charset="UTF-8">
    <meta http-equiv="X-UA-Compatible" content="IE=edge">
    <meta name="viewport" content="width=device-width, initial-scale=1.0">
    <title>伪元素选择器</title>
    <style>
        div {
            width: 160px;
            height: 100px;
            background-color: green;
        }
        div::before {
            display: block;
            content: "前面的伪元素";
            width: 100px;
            height: 40px;
            background-color: red;
        }
        div::after {
            display: block;
            content: "后面的伪元素";
            width: 100px;
            height: 40px;
            background-color: red;
            margin-top: 5px;
        }
    </style>
</head>
<body>
    <div></div>
</body>
</html>
```

例8-3 伪元素选择器.html

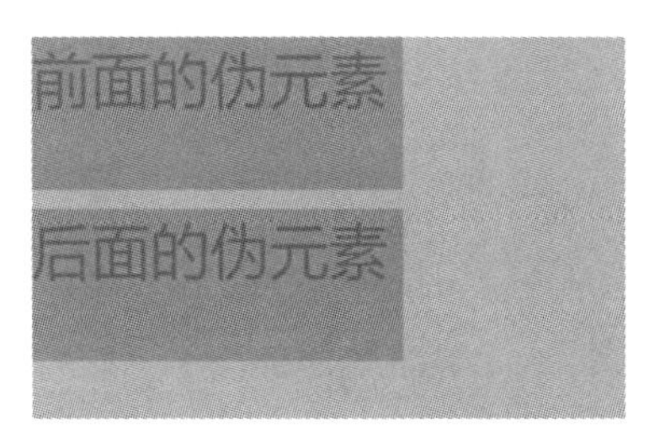

图8-4　例8-3运行结果

8.3　新增特性

CSS 3 新增特性有 filter 属性和 transition 属性。

1. filter 属性

filter 属性用来定义元素的模糊程度、透明程度和对比度等样式。

语法：

```
元素 { filter: blur() | opacity() ; }
```

特征：

（1）blur 中的参数是像素值，值越大模糊的幅度越大。

（2）opacity 中的参数是 0 到 1，值越小越透明。

例 8-4 filter 属性.html，运行结果如图 8-5 所示。

```
<!DOCTYPE html>
<html lang="en">
<head>
    <meta charset="UTF-8">
    <meta http-equiv="X-UA-Compatible" content="IE=edge">
    <meta name="viewport" content="width=device-width, initial-scale=1.0">
    <title>filter属性</title>
    <style>
        img {
            width: 200px;
        }
        #img {
            filter: blur(3px);
        }
    </style>
</head>
<body>
    <img src="img.jpg" /><br />
    <img src="img.jpg" id="img" />
</body>
</html>
```

例8-4　filter属性.html

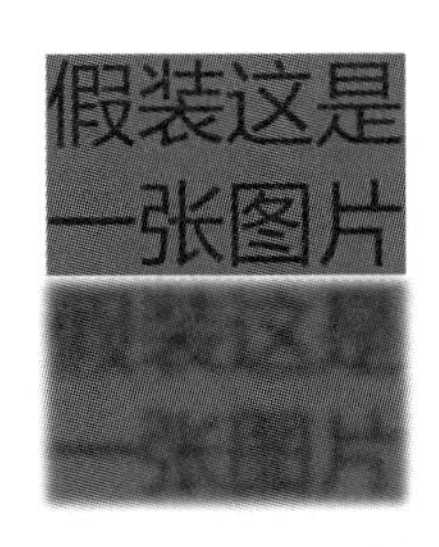

图8-5　例8-4运行结果

2. transition 属性

transition 属性用来给元素从一种样式切换到另一种样式添加过渡效果。

语法：

```
元素 { transition: 过渡属性 完成时间 切换轨迹 开始时间; }
```

特征：

（1）添加 transition 属性，必须明确给哪个元素添加过渡效果。

（2）给多个属性添加过渡效果，用逗号“,”隔开。

例 8-5 transition 属性.html，当页面加载时，运行结果如图 8-6 所示，等到鼠标经过 DIV 时，页面开始切换，在切换过程中，会有明显的过渡效果，同时注意 width 属性等到 1 秒后才开始切换，最终运行结果如图 8-7 所示。

```
<!DOCTYPE html>
<html lang="en">
<head>
    <meta charset="UTF-8">
    <meta http-equiv="X-UA-Compatible" content="IE=edge">
    <meta name="viewport" content="width=device-width, initial-scale=1.0">
    <title>transition属性</title>
    <style>
        #div {
            width: 100px;
            height: 40px;
            background-color: green;
            transition: width 5s ease 1s, height 5s ease 0s;
        }
        #div:hover {
            width: 200px;
            height: 100px;
        }
    </style>
</head>
<body>
    <div>参照物——文字</div>
    <div id="div"></div>
</body>
</html>
```

例8-5　transition属性.html

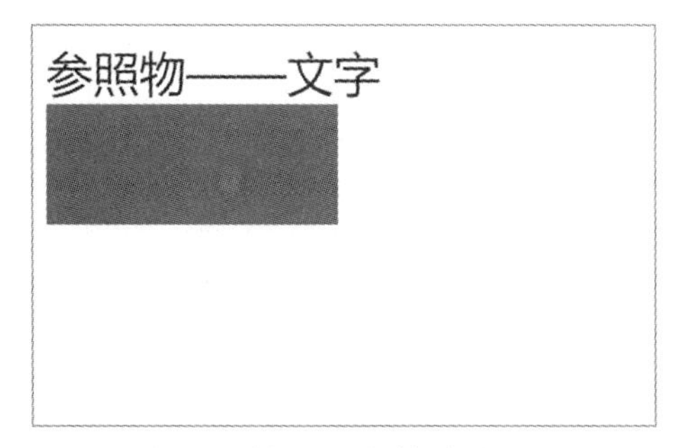

图8-6　例8-5运行结果（一）

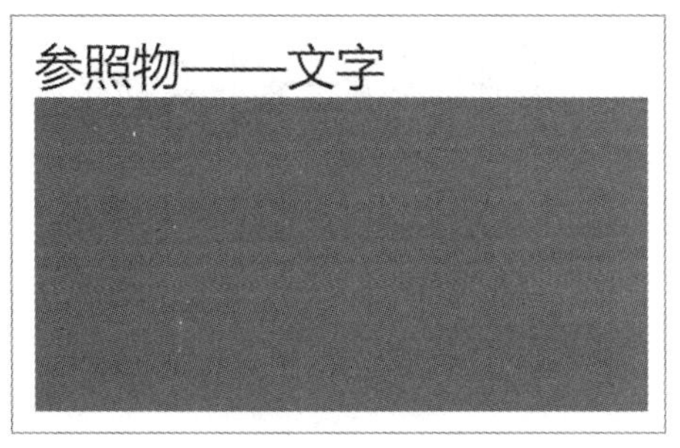

图8-7　例8-5运行结果（二）

第9章 JavaScript基础

学习目标

1. 了解 JavaScript 简介
2. 了解 JavaScript 使用
3. 熟练掌握变量
4. 熟练掌握运算符
5. 熟练掌握数据类型

9.1 JavaScript简介

下面介绍 JavaScript 的由来、组成，以及作用，这是学习 JS 语言的基础。

1. JavaScript 定义

JavaScript 是由 Brendan Eich 在 1995 年创造设计的，刚开始 Netscape 公司将其命名为 LiveScript，只不过后来与 Sun 公司合作，改名成 JavaScript，看上去跟 Java 有些相似，但实际上两者的概念和语法有着巨大差别，当时改名的目的是借助 Java 的影响力来更好地宣传 JavaScript 这门语言。

JavaScript 是一门脚本语言，是在客户端运行的，不需要编译就能够执行的语言，通过 JavaScript 解释器（引擎）来逐行执行，后来基于 Node.js 技术的发展，也可以在服务端运行使用。

JavaScript、HTML 和 CSS，都是网页前端的开发语言，只不过 HTML 和 CSS 都是标记语言，而 JavaScript 是非标记语言，是一门编程语言。

HTML 用来布局网页的结构，CSS 用于控制网页的样式，JavaScript 则用于实现网页的功能，比如根据用户输入的信息进行简单判断，再把处理结果反馈给用户。

2. JavaScript 组成

JavaScript 由三部分组成，分别是 ECMAScript、文档对象模型（Document Object Model，DOM）

和浏览器对象模型（Browser Object Model，BOM）。

ECMAScript 规定 JavaScript 的语法规范，是所有浏览器必须遵守的一套标准，有了这套标准，就不用担心 JavaScript 在不同浏览器的兼容性问题。

文档对象模型（DOM）是一种与平台和语言无关的应用程序接口，可以用来控制网页上的内容，比如设置网站上的页面背景颜色等。

浏览器对象模型（BOM）与 DOM 比较相似，只不过 BOM 是用来实现浏览器设置功能的应用程序接口，比如获取浏览器的大小等。

3. JavaScript 作用

JavaScript 是一门不需要编译的脚本语言，主要用于实现页面的交互功能，比如根据用户输入的信息，通过浏览器进行判断，将处理结果显示到页面上，可以大大减少服务器的压力，能丰富网页开发。

JavaScript 被广泛运用在网页开发、网站后端、服务器端、移动开发、桌面开发和插件开发等领域，几乎各个领域都能看到 JavaScript 的身影。

9.2 JavaScript使用

通过 JavaScript 的语法格式、使用方式和注释方法来学习如何使用这门语言。

1. JavaScript 语法

JavaScript 通过一对<script>标签包围起来，将要实现的功能写入其中。

语法：

```
<script>
    // 要实现的功能
</script>
```

特征：

（1）在<script>标签中写要实现功能的代码。

（2）写在这对<script>标签的代码会从页面加载后开始执行。

（3）标签<script>可以写在 HTML 中的任意位置。

例 9-1 JavaScript 语法.html，运行结果如图 9-1 所示。

```
<!DOCTYPE html>
<html lang="en">
<head>
    <meta charset="UTF-8">
    <meta http-equiv="X-UA-Compatible" content="IE=edge">
    <meta name="viewport" content="width=device-width, initial-scale=1.0">
    <title>JavaScript语法</title>
    <script>
        alert("弹出第一个JavaScript! ");
    </script>
</head>
<body>
```

```
</body>
</html>
```

例9-1　JavaScript语法.html

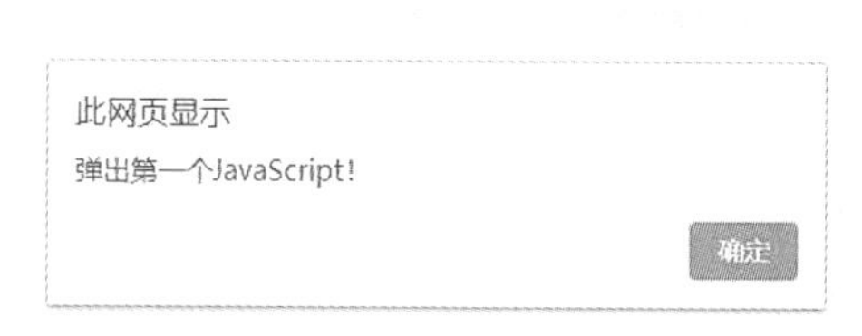

图9-1　例9-1运行结果

2. 使用方式

JavaScript 有三种使用方式，分别是行内 JS、内嵌 JS 和外部引用 JS。

行内 JS 是将 JavaScript 写到 HTML 标签中，通过对应的事件来实现具体功能，一般只有少部分 JavaScript 代码时，才会使用这种方式。

语法：

```
<标签 事件= "实现功能" ></标签>
```

特征：

（1）当遇到多层级双引号时，会先用双引号，再用单引号。

（2）实际开发中 JavaScript 要实现的功能较多，那么就会有大量代码堆砌，因此不建议使用行内 JS。

内嵌 JS 是将 JavaScript 写到一对<script>标签中，尽管实现了代码分离，但在实际开发中不建议使用。

语法：

```
<script>
    // JavaScript代码
</script>
```

特征：

（1）内嵌 JS 实现代码分离，便于代码管理。

（2）内嵌 JS 虽然可以写在 HTML 中的任意位置，但不同位置的调用顺序会影响页面功能。

外部引用 JS 是将 JavaScript 写到一个 js 文件中，然后通过调用文件的方式使用 JavaScript。

语法：

```
<script src="外部JS的地址"></script>
```

特征：

（1）外部引用 JS 的方式才是实际开发中的常用 JS 方式。

（2）外部 JS 文件里的代码，同样是用一对<script>标签包围起来，将要实现的功能写入其中。

3. JavaScript 注释

JavaScript 中的注释也是为了帮助前端开发人员更好地开发，以便团队化和后期代码的管理。

```
<script>
    // JavaScript注释应该这样写!
</script>
```

特征：

（1）用“//”写在要注释的内容前面，这样后面的内容就不会被执行。

（2）多行注释不需要在每一行前加“//”，可以用“/*”开头和“*/”结尾包围起来，而中间的内容都会被注释，将不会被执行。

9.3 变量

JavaScript 用变量来存放数据，通过变量可以实现数据的增加、删除、修改和查询功能，比如给某个变量赋值后就会有值，那么就可以通过获取变量的值来使用。

1. 变量定义

变量是内存中的一块单独空间，而这个过程是由系统自动完成的，内存会因为计算机断电而丢失，而变量也是临时的，会随着浏览器的存在而存在，反之亦是。

变量有点类似一个人的名字，通过名字可以与这个人进行交流沟通，那么这样理解起来就会更加生动形象。

2. 变量使用

JavaScript 变量的使用分为两步，先声明变量，然后给变量赋值。

```
var 变量名;
```

特征：

（1）var（variable）是 JavaScript 中的关键字，用来声明变量。

（2）声明多个变量时，可以用逗号隔开，但不需要再写关键字 var，比如 var 变量名 1,变量名 2;。

```
变量名 = 值;
```

特征：

（1）通过“=”给变量名赋值，把右边的值赋值给变量，也可以用“=”更新变量的值。

（2）在实际开发中，往往都会把声明变量和赋值写在一起。

（3）注意只声明不赋值的变量，值为 undefined。

（4）使用未声明也未赋值的变量时，系统会报错，若使用未声明但赋值的变量，系统不会报错。

例 9-2 JavaScript 变量.html，运行结果如图 9-2 所示。

firstName 是先声明变量，然后再进行赋值，而 secondName 是声明变量和赋值写到同一行，大大简化了变量的使用。

```
<!DOCTYPE html>
```

```
<html lang="en">
<head>
    <meta charset="UTF-8">
    <meta http-equiv="X-UA-Compatible" content="IE=edge">
    <meta name="viewport" content="width=device-width, initial-scale=1.0">
    <title>JavaScript变量</title>
    <script>
        var firstName;
        firstName = 'zhangfei';
        var secondName = 'guanyu';
        console.log(firstName);
        console.log(secondName);
    </script>
</head>
<body>
</body>
</html>
```

例9-2 JavaScript变量.html

```
zhangfei

guanyu
```

图9-2 例9-2运行结果

特征：

（1）使用“console.log();”可以在浏览器控制台显示内容。

（2）使用方法：右击浏览器空白处，在弹出的快捷菜单中选择审查元素，或者按快捷键【F12】，然后在Console选项中查看显示结果。

3. 变量命名

JavaScript变量的命名必须符合驼峰命名法，变量命名具有唯一性，也就是不能和别的变量名重复，也不能用系统关键字和保留字（未来系统可能用得到的关键字）来命名变量，此外还必须满足以下条件：

（1）驼峰命名法要求变量名首字母小写，后面单词首字母大写，与驼峰非常相似。

（2）严格区分大小写，比如firstName和firstname是两个不同的变量。

（3）变量名的首字母必须以字母开头。

（4）变量名只能由字母、数字、下画线（_）和$组成，其他都不行，比如#就不可以。

（5）变量名一定要有意义，建议用拼音全拼或英文单词。

4. 变量运用

JavaScript变量运用的经典案例——交换变量，通过一个临时变量来存放数据，从而实现两个变量交换的目的。

例 9-3 JavaScript 变量运用.html，运行结果如图 9-3 所示。

```
<!DOCTYPE html>
<html lang="en">
<head>
    <meta charset="UTF-8">
    <meta http-equiv="X-UA-Compatible" content="IE=edge">
    <meta name="viewport" content="width=device-width, initial-scale=1.0">
    <title>JavaScript变量运用</title>
    <script>
        var firstName = 'zhangfei';
        var secondName = 'guanyu';
        console.log('交换前firstName: ' + firstName);
        console.log('交换前secondName: ' + secondName);
        var tempName = firstName;
        firstName = secondName;
        secondName = tempName;
        console.log('交换后firstName: ' + firstName);
        console.log('交换后secondName: ' + secondName);
    </script>
</head>
<body>
</body>
</html>
```

例9-3 JavaScript变量运用.html

```
交换前firstName: zhangfei
交换前secondName: guanyu
交换后firstName: guanyu
交换后secondName: zhangfei
```

图9-3 例9-3运行结果

9.4 运算符

JavaScript 运算符是用来算数、比较、赋值、逻辑和递增递减等功能的符号，常用的运算符有算术运算符、比较运算符、赋值运算符、逻辑运算符和递增递减运算符。

1. 算术运算符

算术运算符是用于对变量或值（不仅限于数字）的加、减、乘和除运算，还有计算机中特有的取余运算，见表 9-1。

表 9-1　算术运算符

算术运算符	作　用
+	加法
-	减法
*	乘法
/	除法
%	取余

例 9-4 算术运算符运用.html，运行结果如图 9-4 所示。

```
<!DOCTYPE html>
<html lang="en">
<head>
    <meta charset="UTF-8">
    <meta http-equiv="X-UA-Compatible" content="IE=edge">
    <meta name="viewport" content="width=device-width, initial-scale=1.0">
    <title>算术运算符运用</title>
    <script>
        console.log('2+3=', 2 + 3);
        console.log('4-5=', 4 - 5);
        console.log('6*7=', 6 * 7);
        console.log('10/4=', 10 / 4);
        console.log('12%4=', 12 % 4);
        console.log('9%4=', 9 % 4);
        console.log('3%4=', 3 % 4);
    </script>
</head>
<body>
</body>
</html>
```

例9-4　算术运算符运用.html

```
2+3= 5
4-5= -1
6*7= 42
10/4= 2.5
12%4= 0
9%4= 1
3%4= 3
```

图9-4　例9-4运行结果

特征：

（1）当取余运算的结果为 0 时，说明两个数刚好能整除。

（2）乘法（*）和除法（/）运算符与数学中的乘除法符号不太一样，要注意区分。

2. 比较运算符

比较运算符是用于比较两个变量或值的运算，返回结果是一个布尔值（true 或 false），true（真）代表符合比较的结果，反之则是 false（假），见表 9-2。

表 9-2 比较运算符

比较运算符	作　用
>	大于
<	小于
>=	大于或等于
<=	小于或等于
==	相等（值）
===	全等（值和类型）
!=	不等于（值）
!==	不全等（值和类型）

例 9-5 比较运算符运用.html，运行结果如图 9-5 所示。

```
<!DOCTYPE html>
<html lang="en">
<head>
    <meta charset="UTF-8">
    <meta http-equiv="X-UA-Compatible" content="IE=edge">
    <meta name="viewport" content="width=device-width, initial-scale=1.0">
    <title>比较运算符运用</title>
    <script>
        console.log(24 > 23);
        console.log(24 < 23);
        console.log(24 >= 24);
        console.log(23 <= 23);
        console.log(24 == '24');
        console.log(24 === '24');
        console.log(24 != '24');
        console.log(24 !== '24');
    </script>
</head>
<body>
</body>
</html>
```

例9-5 比较运算符运用.html

```
console.log(24 > 23);       true
console.log(24 < 23);       false
console.log(24 >= 24);      true
console.log(23 <= 23);      true
console.log(24 == '24');    true
console.log(24 === '24');   false
console.log(24 != '24');    false
console.log(24 !== '24');   true
```

图9-5 例9-5运行结果

特征：

（1）特别要注意全等和不全等的判断条件，必须同时满足值和类型两个条件。

（2）利用经过比较运算后的返回值，可以根据布尔值进行判断。

3. 赋值运算符

赋值运算符是用来把值赋值给变量，在声明变量后需要用到赋值运算符，另外更新变量的值也需要用到赋值运算符，见表 9-3。

表 9-3 赋值运算符

比较运算符	作　用
=	赋值
+=	先加法，再赋值
-=	先减法，再赋值
*=	先乘法，再赋值
/=	先除法，再赋值
%=	先取余，再赋值

例 9-6 赋值运算符运用.html，运行结果如图 9-6 所示。

```
<!DOCTYPE html>
<html lang="en">
<head>
   <meta charset="UTF-8">
   <meta http-equiv="X-UA-Compatible" content="IE=edge">
   <meta name="viewport" content="width=device-width, initial-scale=1.0">
   <title>赋值运算符运用</title>
   <script>
      var testNum;
      console.log(testNum = 100);
      console.log(testNum += 10);
      console.log(testNum -= 10);
      console.log(testNum *= 1.5);
      console.log(testNum /= 10);
      console.log(testNum %= 15);
   </script>
</head>
<body>
</body>
</html>
```

例9-6　赋值运算符运用.html

```
100
110
100
150
15
0
```

图9-6　例9-6运行结果

特征：

（1）经过赋值运算符赋值后的变量值会发生变化，本质上就是赋值。

（2）除“=”之外的赋值运算符，都是复合赋值运算。

4. 逻辑运算符

逻辑运算符用于对变量或值进行逻辑运算，返回的结果是布尔值，见表9-4。

表9-4　逻辑运算符

逻辑运算符	作　用
&&	逻辑与
||	逻辑或
!	逻辑非

逻辑与只有当两边值都是true才返回true，否则就是false。

逻辑或是两边值都为false才返回false，否则就是true。

逻辑非是取结果的相反值，比如取true的逻辑非就是false，取false的逻辑非就是true。

例9-7　逻辑运算符运用.html，运行结果如图9-7所示。

```
<!DOCTYPE html>
<html lang="en">
<head>
    <meta charset="UTF-8">
    <meta http-equiv="X-UA-Compatible" content="IE=edge">
    <meta name="viewport" content="width=device-width, initial-scale=1.0">
    <title>逻辑运算符运用</title>
    <script>
        console.log(24 > 23 && 4 > 5);
        console.log(29 > 28 && 7 > 6);
        console.log(1 > 9 || 19 > 11);
        console.log(3 > 6 || 13 > 25);
        console.log(!(22 > 30));
        console.log(!(5 > 4));
    </script>
</head>
<body>
</body>
</html>
```

例9-7　逻辑运算符运用.html

```
false
true
true
false
true
false
```

图9-7　例9-7运行结果

特征：

（1）在执行逻辑与运算中，当第一个值为 true 时，那么就返回第二个值，而当第一个值为 false 时，那么就返回 false，不再进行第二个值的运算。

（2）在执行逻辑或运算中，当第一个值为 true 时，那么就返回 true，不再进行第二个值的运算，而当第一个值为 false 时，那么则返回第二个值。

5. 递增递减运算符

递增（++）和递减（--）运算符是用于变量进行多次自增和自减运算，要注意递增和递减运算符必须与变量搭配使用，放在变量前面的，称为前置递增和递减，而放在变量后面的，称为后置递增和递减。

例 9-8 递增递减运算符运用.html，运行结果如图 9-8 所示。

```
<!DOCTYPE html>
<html lang="en">
<head>
    <meta charset="UTF-8">
    <meta http-equiv="X-UA-Compatible" content="IE=edge">
    <meta name="viewport" content="width=device-width, initial-scale=1.0">
    <title>递增递减运算符运用</title>
    <script>
        var testNum = 10;
        testNum++;
        console.log(testNum);
        ++testNum;
        console.log(testNum);
        var ceshiNum = 10;
        console.log(ceshiNum++);
        console.log(++ceshiNum);
    </script>
</head>
<body>
</body>
</html>
```

例9-8　递增递减运算符运用.html

```
11
12
10
12
```

图9-8　例9-8运行结果

特征：

（1）后置递增运算符是先返回结果，然后再自加，后置递减运算符也是如此。

（2）前置递增运算符是先进行自加，然后返回结果，前置递减运算符也是如此。

（3）单独写递增和递减时，变量自身最终都会进行运算，因此前置和后置结果都一样。

6. 运算符优先级

JavaScript 运算符有优先级之分，熟练掌握运算符优先级能避免错误，同时利用运算符优先级能方便运算，见表 9-5。

表 9-5 运算符优先级

运算符优先级	运 算 符
从上往下，运算符优先级依次降低	()
	++、--、!
	*、/、%
	+、-
	>、>=、<、<=
	==、!=、===、!==
	&&、‖
	=

特征：

（1）后置递增和递减比前置递增和递减的优先级要更高。

（2）在实际开发中，可以利用小括号的最高优先级来避免运算错误。

9.5 数据类型

JavaScript 变量用于存放数据，而数据有不同类型，在 JavaScript 中有存放数字的数值类型，还有字符串和布尔等数据类型。

由于 JavaScript 是弱类型语言，因此在声明变量时不用指定类型，可以通过赋值后再自动确定具体的数据类型。

1. 数值类型

JavaScript 数值类型可以存放整数的数值，包括八进制、十进制和十六进制，也可以存放浮点数（小数）的数值，还有特殊数值类型，见表 9-6。

表 9-6 特殊数值类型

特殊数字类型	作 用
Number.MAX_VALUE	最大值
Number.MIN_VALUE	最小值
Infinity	无穷大
–Infinity	无穷小
NaN	非数值类型

语法：

```
var 变量名=数值型;
```

例 9-9 数值类型.html，运行结果如图 9-9 所示。

```
<!DOCTYPE html>
```

```
<html lang="en">
<head>
    <meta charset="UTF-8">
    <meta http-equiv="X-UA-Compatible" content="IE=edge">
    <meta name="viewport" content="width=device-width, initial-scale=1.0">
    <title>数值类型</title>
    <script>
        var num1 = 5678;
        console.log(num1);
        var num8 = 077;
        console.log(num8);
        var num16 = 0x17;
        console.log(num16);
        console.log(Number.MAX_VALUE);
        console.log(Number.MIN_VALUE);
        console.log(Infinity);
        console.log(-Infinity);
        console.log(NaN);
        console.log(isNaN(1234));
        console.log(isNaN('不是数值类型'));
    </script>
</head>
<body>
</body>
</html>
```

例9-9　数值类型.html

```
5678
63
23
1.7976931348623157e+308
5e-324
Infinity
-Infinity
NaN
false
true
```

图9-9　例9-9运行结果

特征：

（1）八进制数值前面要加 0，八进制 77 对应的十进制显示结果就是 63。

（2）十六进制数值前面要加 0x，十六进制 17 对应的十进制显示结果就是 23。

（3）利用 isNaN()可以判断变量是否为非数值类型的数据，是数值型的就返回 false，否则就返回 true。

2. 字符串类型

JavaScript 字符串类型是用引号括起来的任意字符，引号可以是双引号或者单引号，为了与 HTML 和 CSS 进行区分，在 JavaScript 中建议都用单引号。

语法：

```
var 变量名= '任意字符';
```

例 9-10 字符串类型.html，运行结果如图 9-10 所示。

```
<!DOCTYPE html>
<html lang="en">
<head>
    <meta charset="UTF-8">
    <meta http-equiv="X-UA-Compatible" content="IE=edge">
    <meta name="viewport" content="width=device-width, initial-scale=1.0">
    <title>字符串类型</title>
    <script>
        console.log("字符串1");
        console.log('字符串2');
        console.log('字符串3'.length);
    </script>
</head>
<body>
</body>
</html>
```

例9-10 字符串类型.html

字符串1

字符串2

4

图9-10 例9-10运行结果

特征：

（1）引号的使用必须统一，前后引号可以都是单引号，也可以都是双引号，但不能一个单引号和一个双引号搭配使用。

（2）通过字符串的 length 属性，能够获得字符串的长度。

针对特殊字符串，必须经过转义才能够使用，不然就会报错或达不到效果，这类特殊字符称为转义符，见表 9-7。

表 9-7 转义符

转 义 符	作 用
\'	单引号
\"	双引号
\\	斜杠
\b	空格
\n	换行

例 9-11 转义符.html，运行结果如图 9-11 所示。

```
<!DOCTYPE html>
<html lang="en">
<head>
    <meta charset="UTF-8">
    <meta http-equiv="X-UA-Compatible" content="IE=edge">
    <meta name="viewport" content="width=device-width, initial-scale=1.0">
    <title>转义符</title>
    <script>
        console.log('带\'单引号\'的字符串');
        console.log('带\"双引号\"的字符串');
        console.log('带斜杠\\的字符串');
        console.log('带空格\b的字符串');
        console.log('带换行\n的字符串');
    </script>
</head>
<body>
</body>
</html>
```

例9-11　转义符.html

```
带'单引号'的字符串
带"双引号"的字符串
带斜杠\的字符串
带空格□的字符串
带换行
的字符串
```

图9-11　例9-11运行结果

特征：

（1）当字符串与任何数据类型通过“+”连接时，那么最终就会拼接成一个新字符串。

（2）学会利用字符串的拼接特点，能避免编写很多代码。

3. 布尔类型

JavaScript 布尔类型有两个值，分别是 true 和 false，前者代表真，而后者代表假。

所有“真”数据类型的值都是 true，比如数值类型和字符串类型，相反“假”数据类型的值是 false，比如""、undefined、null 和 NaN。

例 9-12 布尔类型.html，运行结果如图 9-12 所示。

```
<!DOCTYPE html>
<html lang="en">
<head>
    <meta charset="UTF-8">
```

```
    <meta http-equiv="X-UA-Compatible" content="IE=edge">
    <meta name="viewport" content="width=device-width, initial-scale=1.0">
    <title>布尔类型</title>
    <script>
        console.log(Boolean(123));
        console.log(Boolean("字符串"));
        console.log(Boolean(""));
        console.log(Boolean(undefined));
        console.log(Boolean(null));
        console.log(Boolean(NaN));
    </script>
</head>
<body>
</body>
</html>
```

例9-12 布尔类型.html

```
true
true
false
false
false
false
```

图9-12 例9-12运行结果

特征：

（1）Boolean()与前面学习的 isNaN()一样，都是用来判断数据类型的方法。

（2）undefined 是未定义，与 null 一样，而 null 与""（空）不一样。

4. 数据类型转换

JavaScript 中的某些数据类型可以进行相互转换，除了前面提到的通过“+”可以把任何类型转换成字符串之外，还可将字符串转换成想要的数据类型。

学会用 typeof()判断变量或值的数据类型，可以快速学会数据类型转换。

转换成数值类型的方式有两种，见表 9-8。

表 9-8 转换成数值

转换成数值	作　用
parseInt()	转换成整数的数值类型
parseFloat()	转换成小数的数值类型

例 9-13 转换成数值.html，运行结果如图 9-13 所示。

```
<!DOCTYPE html>
```

```
<html lang="en">
<head>
    <meta charset="UTF-8">
    <meta http-equiv="X-UA-Compatible" content="IE=edge">
    <meta name="viewport" content="width=device-width, initial-scale=1.0">
    <title>转换成数值</title>
    <script>
        var str = '999.99';
        console.log(typeof (str));
        console.log(typeof (parseInt(str)));
        console.log(typeof (parseFloat(str)));
    </script>
</head>
<body>
</body>
</html>
```

例9–13　转换成数值.html

```
string
number
number
```

图9–13　例9–13运行结果

转换成字符串类型的方式有三种，见表 9–9。

表 9-9　转换成字符串

转换成字符串	作　用
+	通过加号来拼接
String()	括号内是要转换的数据类型
toString()	要转换的数据类型调用该方法

例 9–14 转换成字符串.html，运行结果如图 9–14 所示。

```
<!DOCTYPE html>
<html lang="en">
<head>
    <meta charset="UTF-8">
    <meta http-equiv="X-UA-Compatible" content="IE=edge">
    <meta name="viewport" content="width=device-width, initial-scale=1.0">
    <title>转换成字符串</title>
    <script>
        var num = 100;
        console.log(typeof (num));
        console.log(typeof (num + '200'));
        console.log(typeof (String(num)));
        console.log(typeof (num.toString()));
```

```
    </script>
</head>
<body>
</body>
</html>
```

例9-14　转换成字符串.html

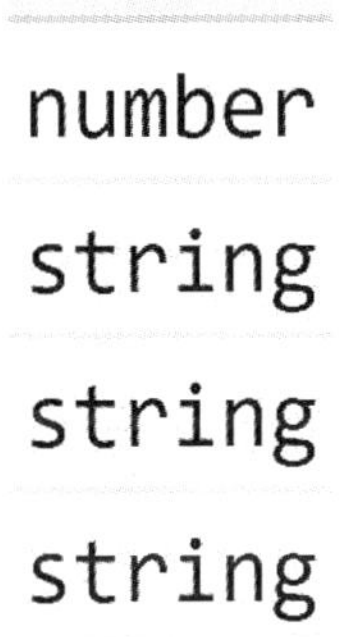

```
number
string
string
string
```

图9-14　例9-14运行结果

第 10 章 JavaScript 语句和数组

学习目标

1. 掌握条件语句
2. 掌握循环语句
3. 掌握数组

10.1 条件语句

在 JavaScript 中，执行代码的顺序一般都是自上而下，这种结构称为顺序结构，也是最为普遍的。

不过顺序结构并不能满足所有的代码执行需求，比如根据不同条件执行不同代码，那么分支结构就能很好地满足这点，还有循环结构能多次重复执行同一个代码块。

JavaScript 有两大条件语句，分别是 if 系列语句和 switch-case 语句。

1. if 语句

if 语句是满足条件就执行条件对应的代码块，不满足就不执行。

语法：

```
if(条件) {
    // 执行满足条件的代码块
}
```

例 10-1 if 语句.html，运行结果如图 10-1 所示。

```
<!DOCTYPE html>
<html lang="en">
<head>
    <meta charset="UTF-8">
    <meta http-equiv="X-UA-Compatible" content="IE=edge">
    <meta name="viewport" content="width=device-width, initial-scale=1.0">
```

```
    <title>if语句</title>
    <script>
        if (100 > 80) {
            console.log('100>80是对的！');
        }
    </script>
</head>
<body>
</body>
</html>
```

例10-1 if语句.html

100>80是对的！

图10-1 例10-1运行结果

2. if-else 语句

if-else 语句是满足不同条件就执行条件对应的代码块，比 if 语句功能更多。

语法：

```
if(条件) {
    // 执行满足条件的代码块
} else {
    // 执行不满足条件的代码块
}
```

例 10-2 if-else 语句.html，运行结果如图 10-2 所示。

```
<!DOCTYPE html>
<html lang="en">
<head>
    <meta charset="UTF-8">
    <meta http-equiv="X-UA-Compatible" content="IE=edge">
    <meta name="viewport" content="width=device-width, initial-scale=1.0">
    <title>if-else语句</title>
    <script>
        var nowTime = 21;
        if (nowTime <= 21) {
            console.log('继续学习！');
        } else {
            console.log('早点休息！');
        }
    </script>
</head>
<body>
</body>
</html>
```

例10-2 if-else语句.html

继续学习！

图10-2 例10-2运行结果

3. if-else if 语句

if-else if 语句是满足多个条件就执行条件对应的代码块，比 if-else 语句功能多。

语法：

```
if(条件1) {
    // 执行满足条件1的代码块
} else if(条件2) {
    // 执行满足条件2的代码块
} else if(条件3) {
    // 执行满足条件3的代码块
} else {
    // 执行不满足前面三个条件的代码块
}
```

例 10-3 if-else if 语句.html，运行结果如图 10-3 所示。

```
<!DOCTYPE html>
<html lang="en">
<head>
    <meta charset="UTF-8">
    <meta http-equiv="X-UA-Compatible" content="IE=edge">
    <meta name="viewport" content="width=device-width, initial-scale=1.0">
    <title>if-else if语句</title>
    <script>
        var nowTime = 21;
        if (nowTime < 8) {
            console.log('你吃过早饭了吗？');
        } else if (nowTime < 13) {
            console.log('午饭怎么样了？');
        } else if (nowTime < 18) {
            console.log('晚饭如何了？');
        } else {
            console.log('夜宵有吗？');
        }
    </script>
</head>
<body>
</body>
</html>
```

例10-3　if-else if语句.html

夜宵有吗？

图10-3　例10-3运行结果

4. 三元表达式

三元表达式本质上就是一个 if-else 语句，两者的逻辑关系是相同的，只不过三元表达式把判断条件的语句和执行条件对应的代码块写在同一行。

语法：

```
条件判断语句 ? 执行满足条件的代码块 : 执行不满足条件的代码块;
```

例 10-4 三元表达式.html，运行结果如图 10-4 所示。

```
<!DOCTYPE html>
<html lang="en">
<head>
    <meta charset="UTF-8">
    <meta http-equiv="X-UA-Compatible" content="IE=edge">
    <meta name="viewport" content="width=device-width, initial-scale=1.0">
    <title>三元表达式</title>
    <script>
        var age = 14;
        var internetFlag = age > 18 ? '你可以上网!' : '禁止上网! ';
        console.log(internetFlag);
    </script>
</head>
<body>
</body>
</html>
```

例10-4 三元表达式.html

禁止上网！

图10-4 运行结果

5. switch-case 语句

switch-case 语句是满足多个条件就执行条件对应的代码块，与 if-else if 语句非常相似，但又有其特有的优缺点。

语法：

```
switch (变量或值) {
    case 值1:
        // 执行匹配值1的代码块
        break;
    case 值2:
        // 执行匹配值2的代码块
        break;
    case 值3:
        // 执行匹配值3的代码块
        break;
    default:
        // 执行不匹配上面所有值的代码块
        break;
}
```

例 10-5 switch-case 语句.html，运行结果如图 10-5 所示。

```
<!DOCTYPE html>
```

```
<html lang="en">
<head>
    <meta charset="UTF-8">
    <meta http-equiv="X-UA-Compatible" content="IE=edge">
    <meta name="viewport" content="width=device-width, initial-scale=1.0">
    <title>switch-case语句</title>
    <script>
        var weekDay = '三';
        switch (weekDay) {
            case '一':
                console.log('周一限行尾号1和9! ');
                break;
            case '二':
                console.log('周二限行尾号2和8! ');
                break;
            case '三':
                console.log('周三限行尾号3和7! ');
                break;
            case '四':
                console.log('周四限行尾号4和6! ');
                break;
            case '五':
                console.log('周五限行尾号5和0! ');
                break;
            default:
                console.log('周末不限行! ');
                break;
        }
    </script>
</head>
<body>
</body>
</html>
```

例10-5 switch-case语句.html

周三限行尾号3和7！

图10-5 例10-5运行结果

特征：

（1）当 switch()中的变量或值去匹配 case 后面的值时，必须满足值和类型都相同，才算匹配成功，并执行对应的代码块。

（2）写上最后一个 default，是为了防止匹配不到值时出现逻辑错误。

（3）在每个 case 的最后，必须写上 break 来结束 switch-case 语句。

（4）switch-case 和 if else-if 的区别是，前者匹配确定的值，而后者用于判断不确定的范围。

10.2 循环语句

在 JavaScript 中，需要重复执行代码时就要用到循环语句，有三种类型可选，分别是 for 循环、while 循环和 do-while 循环。

1. for 循环

for 循环可重复执行代码，通过条件表达式来判断继续还是终止循环，一个完整的 for 循环由四部分组成，包括初始变量语句、条件表达式、条件赋值表达式和循环代码块。

语法：

```
for (初始变量语句; 条件表达式; 条件赋值表达式) {
    // 循环代码块
}
```

整个 for 循环的执行过程如下：

（1）先执行初始变量语句，声明和赋值变量。

（2）在条件表达式中判断结果，如果是 true，那么就执行循环代码块，否则终止循环。

（3）再执行循环代码块，然后执行条件赋值表达式。

（4）最后执行条件表达式，也就是回到（2）。

例 10-6 for 循环.html，运行结果如图 10-6 所示。

```
<!DOCTYPE html>
<html lang="en">
<head>
    <meta charset="UTF-8">
    <meta http-equiv="X-UA-Compatible" content="IE=edge">
    <meta name="viewport" content="width=device-width, initial-scale=1.0">
    <title>for循环</title>
    <script>
        for (var i = 1; i <= 5; i++) {
            console.log('有for循环可重复输出，第' + i + '遍！');
        }
    </script>
</head>
<body>
</body>
</html>
```

例10-6 for循环.html

```
有for循环可重复输出，第1遍！
有for循环可重复输出，第2遍！
有for循环可重复输出，第3遍！
有for循环可重复输出，第4遍！
有for循环可重复输出，第5遍！
```

图10-6 例10-6运行结果

for 经典案例——计算 1 ~ 100 的和，以及分别计算 1 ~ 100 的奇数和与偶数和。

例 10-7 for 经典案例.html，运行结果如图 10-7 所示。

```
<!DOCTYPE html>
<html lang="en">
<head>
    <meta charset="UTF-8">
    <meta http-equiv="X-UA-Compatible" content="IE=edge">
    <meta name="viewport" content="width=device-width, initial-scale=1.0">
    <title>for经典案例</title>
    <script>
        var numSum = 0;
        var oddSum = 0;
        var evenSum = 0;
        for (var i = 1; i <= 100; i++) {
            numSum += i;
            if (i % 2 == 0) {
                evenSum += i;
            } else {
                oddSum += i;
            }
        }
        console.log('1到100的和为: ' + numSum);
        console.log('1到100的奇数和为: ' + oddSum);
        console.log('1到100的偶数和为: ' + evenSum);
    </script>
</head>
<body>
</body>
</html>
```

例10-7　for经典案例.html

```
1到100的和为：5050
1到100的奇数和为：2500
1到100的偶数和为：2550
```

图10-7　例10-7运行结果

特征：

（1）for 循环一定要有终止循环的语句，不然程序会崩溃。

（2）嵌套 for 循环，也就是双重 for 循环，可用来实现九九乘法表。

（3）for 循环中的条件表达式，要注意终止循环的条件。

2. while 循环

while 循环是满足条件就开始执行循环代码块，不然就终止循环。

语法：

```
while (条件表达式) {
```

```
    // 循环代码块
}
```

整个 while 循环的执行过程如下：

（1）执行条件表达式判断结果，如果是 true 就执行循环代码块，否则终止循环。

（2）执行循环代码块。

（3）执行条件表达式，也就是回到（1）。

例 10-8 while 循环.html，运行结果如图 10-8 所示。

```
<!DOCTYPE html>
<html lang="en">
<head>
    <meta charset="UTF-8">
    <meta http-equiv="X-UA-Compatible" content="IE=edge">
    <meta name="viewport" content="width=device-width, initial-scale=1.0">
    <title>while循环</title>
    <script>
        var i = 1;
        var numSum = 0;
        while (i <= 100) {
            numSum += i;
            i++;
        }
        console.log('1到100的和是' + numSum);
    </script>
</head>
<body>
</body>
</html>
```

例10-8 while循环.html

1到100的和是5050

图10-8 例10-8运行结果

特征：

（1）while 循环是先判断条件，再执行循环代码块，与 for 循环执行第一次一样。

（2）while 循环中的循环代码块必须要能改变条件表达式中的变量值，目的是最终能终止循环。

3. do-while 循环

do-while 循环是一开始就执行循环代码块，然后判断条件决定是否继续循环，与 while 循环稍有不同。

语法：

```
do {
    // 循环代码块
} while (条件表达式)
```

整个 do-while 循环的执行过程如下：

（1）执行循环代码块。

（2）执行条件表达式判断结果，如果是 true，那么就执行循环代码块，否则终止循环。

（3）执行循环代码块，也就是回到（1）。

例 10-9 do-while 循环.html，运行结果如图 10-9 所示。

```
<!DOCTYPE html>
<html lang="en">
<head>
    <meta charset="UTF-8">
    <meta http-equiv="X-UA-Compatible" content="IE=edge">
    <meta name="viewport" content="width=device-width, initial-scale=1.0">
    <title>do-while循环</title>
    <script>
        var i = 0;
        var numSum = 0;
        do {
            numSum += i;
            i++;
        } while (i <= 100)
        console.log('1到100的和是' + numSum);
    </script>
</head>
<body>
</body>
</html>
```

例10-9　do-while循环.html

1到100的和是5050

图10-9　例10-9运行结果

特征：

（1）do-while 循环是先执行循环代码块，也就是至少会执行一次循环，与 for 循环和 while 循环执行第一次都要判断条件表达式不同。

（2）do-while 循环中的循环代码块必须要能改变条件表达式中的变量值，目的是最终可以终止循环。

4. 循环语句总结

JavaScript 的 for 循环、while 循环和 do-while 循环，一起组成循环语句，为的是满足循环功能的需要。

do-while 循环和 while 循环的最大区别是，前者第一次执行循环不需要判断条件表达式，也就是至少会执行一次循环代码块。

在实际开发工作中，用到 for 循环的地方会更多一些，特别是循环遍历数据的时候，但 while

循环和 do-while 循环同样可以实现循环代码的功能。

10.3 数组

在 JavaScript 中，数组是用来存储多个数值的一个组合，将多个值用一个变量来表示，而使用时只需要通过索引号来调用数组中的某个值即可。

1. 新建数组

新建数组也就是创建一个新的数组，在 JavaScript 中有两种方式可以实现。

第一种方式是通过关键字 new 新建数组。

语法：

```
var 数组名 = new Array();
var 数组名 = new Array(值1, 值2, 值3, 值4);
```

特征：

（1）新建的数组是个空数组，里面没有任何数值。

（2）在新建数组的同时可以在小括号内加入值，值与值之间用逗号隔开。

第二种方式是通过赋值新建数组。

语法：

```
var 数组名 = [ ];
var 数组名 = [值1, 值2, 值3, 值4];
```

特征：

（1）通过中括号新建的数组同样是个空数组，里面也没有值。

（2）同样可以在新建数组的同时在中括号中加入值，值与值之间用逗号隔开。

例 10-10 新建数组.html，运行结果如图 10-10 所示，当获取空数组中的某个值时，结果就是未定义 undefined。

```
<!DOCTYPE html>
<html lang="en">
<head>
    <meta charset="UTF-8">
    <meta http-equiv="X-UA-Compatible" content="IE=edge">
    <meta name="viewport" content="width=device-width, initial-scale=1.0">
    <title>新建数组</title>
    <script>
        var array1 = new Array();
        console.log(array1[0]);
        var array2 = new Array(1, 2, 3, 4);
        console.log(array2[0]);
        var array3 = [];
        console.log(array3[0]);
        var array4 = ['张飞', '关羽', '刘备'];
        console.log(array4[0]);
    </script>
```

```
</head>
<body>
</body>
</html>
```

例10-10　新建数组.html

```
undefined
1
undefined
张飞
```

图10-10　例10-10运行结果

2. 访问数组

通过数组名加指定的索引号来访问数组中的某个值。

语法：

```
var 变量名 = 数组名[索引号];
```

特征：

（1）数组的索引号从 0 开始，也就是第一个值的索引号是 0。

（2）数组的长度通过属性 length 获取，比最大索引号大 1。

例 10-11 访问数组.html，运行结果如图 10-11 所示。

```
<!DOCTYPE html>
<html lang="en">
<head>
    <meta charset="UTF-8">
    <meta http-equiv="X-UA-Compatible" content="IE=edge">
    <meta name="viewport" content="width=device-width, initial-scale=1.0">
    <title>访问数组</title>
    <script>
        var newArray = ['星期一', '星期二', '星期三', '星期四', '星期五', '星期六',
'星期日'];
        for (var i = 0; i < newArray.length; i++) {
            console.log('今天是: ' + newArray[i] + '! ');
        }
    </script>
</head>
<body>
</body>
</html>
```

例10-11　访问数组.html

今天是：星期一！
今天是：星期二！
今天是：星期三！
今天是：星期四！
今天是：星期五！
今天是：星期六！
今天是：星期日！

图10-11 例10-11运行结果

3. 更新数组

更新数组就是更新数组中的值，包括更新原有的值，增加新的值，以及删除其中的某个值。更新原有的值就是把新的值赋值给通过索引号获取的数组中的值。

语法：

```
数组名[索引号] = 新的值;
```

增加新的值就是通过追加的方式增加到原有数组中。

语法：

```
数组名[数组名.length] = 新的值;
```

特征：

（1）更新原有的值时，一定要通过索引确定某个值，直接给数组名更新值，会把原有数组中的值全部清空。

（2）增加新的值时，在填写数组名中的索引号时可以用固定数字，但用数组的 length 属性可以大大降低错误率。

例 10-12 更新数组.html，运行结果如图 10-12 所示。

```
<!DOCTYPE html>
<html lang="en">
<head>
    <meta charset="UTF-8">
    <meta http-equiv="X-UA-Compatible" content="IE=edge">
    <meta name="viewport" content="width=device-width, initial-scale=1.0">
    <title>更新数组</title>
    <script>
        var newArray = ['一月', '二月', '三月', '四月'];
        console.log(newArray[0]);
        newArray[0] = '壹月';
        console.log(newArray[0]);
        console.log(newArray[4]);
        newArray[newArray.length] = '五月';
        console.log(newArray[4]);
    </script>
</head>
```

```
<body>
</body>
</html>
```

例10-12　更新数组.html

一月

壹月

undefined

五月

图10-12　例10-12运行结果

4. 数组案例

在学习数组的过程中，有个经典案例——冒泡排序，综合运用了数组、for 循环和双重 for 循环等知识点。

冒泡排序是将一组无规则的数字数组，按照从小到大或者从大到小的顺序进行重新排列。

冒泡排序的执行原理如下：

（1）将数组中第一个数字依次和第二个、第三个……，一直到最后一个数字比较大小，每次把较大的值换到后面，最后就会产生最大的值，并放到最后面。

（2）第二次执行上面的比较方法，只不过比前一次少一次比较，因为最后一个值已经是最大值，这一次产生的是第二大的值，并放到倒数第二位。

（3）第三次、第四次……，一直到数组 length 值减 1 次，就会把数组按照从小到大的顺序排列。

（4）上面是按照从小到大的顺序排列，如果要想实现从大到小的排列顺序，那么只需要在比较大小时，把较小的值换到后面即可，原理是一样的。

例 10-13 冒泡排序.html，运行结果如图 10-13 所示。

```
<!DOCTYPE html>
<html lang="en">
<head>
    <meta charset="UTF-8">
    <meta http-equiv="X-UA-Compatible" content="IE=edge">
    <meta name="viewport" content="width=device-width, initial-scale=1.0">
    <title>冒泡排序</title>
    <script>
        var temp = 0;
        var arrArray = [4, 2, 1, 9, 8, 7, 5, 6, 3];
        for (var i = 0; i < arrArray.length; i++) {
            for (var j = 0; j < arrArray.length - 1 - i; j++) {
                if (arrArray[j] > arrArray[j + 1]) {
                    temp = arrArray[j];
                    arrArray[j] = arrArray[j + 1];
                    arrArray[j + 1] = temp;
```

```
            }
        }
    }
    console.log(arrArray);
  </script>
</head>
<body>
</body>
</html>
```

例10-13　冒泡排序.html

```
▼(9) [1, 2, 3, 4, 5, 6, 7, 8, 9]
   0: 1
   1: 2
   2: 3
   3: 4
   4: 5
   5: 6
   6: 7
   7: 8
   8: 9
   length: 9
```

图10-13　例10-13运行结果

第 11 章 JavaScript 函数和对象

学习目标

1. 了解函数
2. 了解对象

11.1 函数

在 JavaScript 中，需要重复执行代码块时可以使用循环语句，但循环语句只能重复执行少量简单功能的代码块，而函数能重复执行大量复杂功能的代码块。

函数是把需要重复执行的大量功能代码块封装起来，在使用时，只需要调用函数名就可实现具体的功能。

1. 函数

函数用来重复执行代码块，一共有两个步骤，首先声明函数，然后调用函数。

语法：

```
function 函数名() {
    // 大量功能代码块
}
```

特征：

（1）function 是系统关键字，一定要小写，并且不能用作函数名。

（2）函数名命名规则与变量名命名规则相同。

（3）函数名一般都要有具体意义，比如实现某功能的函数。

语法：

```
函数名();
```

特征：

（1）调用函数直接写函数名和小括号即可。

（2）函数只有被调用时才会执行，这与循环语句“自动”执行不同。

例 11-1 函数.html，运行结果如图 11-1 所示。

```
<!DOCTYPE html>
<html lang="en">
<head>
    <meta charset="UTF-8">
    <meta http-equiv="X-UA-Compatible" content="IE=edge">
    <meta name="viewport" content="width=device-width, initial-scale=1.0">
    <title>函数</title>
    <script>
        function getSum() {
            var numberSum = 0;
            for (var i = 1; i <= 100; i++) {
                numberSum += i;
            }
            console.log('1到100的和是' + numberSum + '! ');
        }
        getSum();
    </script>
</head>
<body>
</body>
</html>
```

例11-1　函数.html

1到100的和是5050!

图11-1　例11-1运行结果

2. 函数参数

函数参数用来丰富函数的功能，在调用函数时能传递值，这个值称为实参，而在执行函数时把值赋值给函数中的变量，这个值称为形参。

语法：

```
function 函数名(形参1,形参2……) {
    // 大量功能代码块
}
函数名(实参1,实参2……);
```

特征：

（1）形参用于接收实参，在函数中使用。

（2）形参是局部变量，只能在函数中使用。

（3）多个参数之间用逗号隔开，最后一个参数后面不要加逗号。

例 11-2 函数参数.html，运行结果如图 11-2 所示。

```
<!DOCTYPE html>
<html lang="en">
<head>
```

```
    <meta charset="UTF-8">
    <meta http-equiv="X-UA-Compatible" content="IE=edge">
    <meta name="viewport" content="width=device-width, initial-scale=1.0">
    <title>函数参数</title>
    <script>
        function getSum(firstNumber, secondNumber) {
            var numberSum = firstNumber + secondNumber;
            console.log(firstNumber + '+' + secondNumber + '=' + numberSum);
        }
        getSum(1, 3);
        getSum(5, 6);
    </script>
</head>
<body>
</body>
</html>
```

例11-2　函数参数.html

1+3=4

5+6=11

图11-2　例11-2运行结果

3. 函数返回值

函数在重复执行大量代码块时，还可以在调用函数后返回值，用一个变量来接收该返回值，也可以直接输出该返回值的结果。

语法：

```
function 函数名() {
    // 大量功能代码块
    return 返回值;
}
var 变量 = 函数名();
```

特征：

（1）return 之后的代码将不再执行。

（2）return 不同于 break 会结束当前循环和 continue 跳出循环，return 既能结束当前代码块，又能返回需要的值。

例 11-3 函数返回值.html，运行结果如图 11-3 所示。

```
<!DOCTYPE html>
<html lang="en">
<head>
    <meta charset="UTF-8">
    <meta http-equiv="X-UA-Compatible" content="IE=edge">
    <meta name="viewport" content="width=device-width, initial-scale=1.0">
    <title>函数返回值</title>
```

```
    <script>
        function getCalculator(firstNumber, secondNumber, computeOperator) {
            var computeResult = 0;
            switch (computeOperator) {
                case '+':
                    computeResult = firstNumber + secondNumber;
                    break;
                case '-':
                    computeResult = firstNumber - secondNumber;
                    break;
                case '*':
                    computeResult = firstNumber * secondNumber;
                    break;
                case '/':
                    computeResult = firstNumber / secondNumber;
                    break;
                default:
                    computeResult = '计算符号有问题! ';
                    break;
            }
            return computeResult;
        }
        var additionResult = getCalculator(1, 2, '+');
        console.log(additionResult);
        var subtractionResult = getCalculator(9, 4, '-');
        console.log(subtractionResult);
        var multiplicationResult = getCalculator(5, 6, '*');
        console.log(multiplicationResult);
        var divisionResult = getCalculator(8, 2, '/');
        console.log(divisionResult);
        var wrongResult = getCalculator(8, 2, '@');
        console.log(wrongResult);
    </script>
</head>
<body>
</body>
</html>
```

例11-3 函数返回值.html

```
3
5
30
4
计算符号有问题!
```

图11-3 例11-3运行结果

11.2 对象

JavaScript 中的对象有具体的属性和方法，就像一个人有什么特征（属性），可以做什么行为（方法）一样，属性前面已经学习过，而方法本质上就是函数。

利用对象可以将属性和方法存放起来，在调用对象时，就可用到对象的属性和方法。

1. 创建对象

创建对象有如下三种方式：

第一种最常用，是直接用大括号创建对象的属性和方法。

语法：

```
var 对象名 = {
    属性1: 属性值1,
    属性2: 属性值2,
    属性3: 属性值3,
    方法名: function () {
        // 代码块
    }
};
对象名.属性;
对象名.方法名();
```

特征：

（1）对象中的内容都是以键值对的形式书写，属性对应属性值，方法对应具体的方法。

（2）调用对象的属性，用对象名.属性，也可以用对象名['属性']。

（3）调用对象的方法，用对象名.方法名();，注意写上小括号。

例 11-4 创建对象.html，运行结果如图 11-4 所示。

```
<!DOCTYPE html>
<html lang="en">
<head>
    <meta charset="UTF-8">
    <meta http-equiv="X-UA-Compatible" content="IE=edge">
    <meta name="viewport" content="width=device-width, initial-scale=1.0">
    <title>创建对象</title>
    <script>
        var objPerson = {
            name: 'zhangfei',
            age: 29,
            height: '185cm',
            weight: '90Kg',
            adeptSkill: function () {
                console.log('我会打仗！');
            }
        };
        console.log(objPerson.age);
        console.log(objPerson['weight']);
        objPerson.adeptSkill();
```

```
    </script>
</head>
<body>
</body>
</html>
```

例11-4　创建对象.html

29

90Kg

我会打仗!

图11-4　例11-4运行结果

第二种是利用关键字 new 和 Object 创建对象。

语法：

```
var 对象名 = new Object();
对象名.属性1= 属性值1;
对象名.属性2= 属性值2;
对象名.属性3= 属性值3;
对象名.方法名 = function () {
        // 代码块
}
对象名.属性;
对象名.方法名();
```

特征：

（1）第一步创建的对象只是一个空对象，后面几步才给对象的属性和方法“赋值”。

（2）调用对象的属性和方法与第一种方法相同。

例 11-5 继续创建对象.html，运行结果如图 11-5 所示。

```
<!DOCTYPE html>
<html lang="en">
<head>
    <meta charset="UTF-8">
    <meta http-equiv="X-UA-Compatible" content="IE=edge">
    <meta name="viewport" content="width=device-width, initial-scale=1.0">
    <title>继续创建对象</title>
    <script>
        var newObject = new Object();
        newObject.home = 'ShaoXing';
        newObject.year = '2021';
        newObject.state = 'good';
        newObject.softAbility = function () {
            console.log('我会文字编辑! ');
        }
        console.log(newObject.home);
        newObject.softAbility();
```

```
    </script>
</head>
<body>
</body>
</html>
```

例11-5　继续创建对象.html

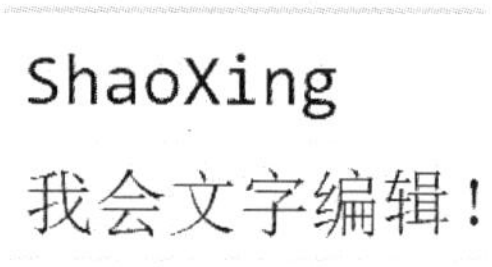

ShaoXing

我会文字编辑！

图11-5　例11-5运行结果

第三种是用构造函数创建对象。

语法：

```
function 构造函数名(参数1,参数2,参数3) {
    this.属性1 = 参数1;
    this.属性2 = 参数2;
    this.属性3 = 参数3;
    this.方法名= function (参数) {
        // 代码块
    }
}
var 对象名 = new 构造函数名(参数1,参数2,参数3);
对象名.属性;
对象名.方法名();
```

特征：

（1）构造函数是把创建对象的属性和方法封装在其中，就是一个创建对象的函数，本质上还是函数。

（2）在构造函数中给属性赋值时，关键字 this 不能省略。

（3）通过构造函数实例化对象时，利用关键字 new 实现。

例 11-6 还是创建对象.html，运行结果如图 11-6 所示。

```
<!DOCTYPE html>
<html lang="en">
<head>
    <meta charset="UTF-8">
    <meta http-equiv="X-UA-Compatible" content="IE=edge">
    <meta name="viewport" content="width=device-width, initial-scale=1.0">
    <title>还是创建对象</title>
    <script>
        function CreateObject(date, address, who) {
            this.date = date;
            this.address = address;
            this.who = who;
            this.speakContent = function (content) {
                console.log(content);
```

```
            }
        }
        var newPerson = new createObject('2021-1-16', 'ZheJiang', 'liubei');
        console.log(newPerson.date);
        console.log(newPerson.address);
        console.log(newPerson.who);
        newPerson.speakContent('发生了一件事儿！');
    </script>
</head>
<body>
</body>
</html>
```

例11-6 还是创建对象.html

```
2021-1-16
ZheJiang
liubei
发生了一件事儿！
```

图11-6 例11-6运行结果

2. 内置对象

前面提到的 JavaScript 对象，需要先创建，然后才能够使用。

如果每次使用对象都要先创建才可以，那么在实际代码开发中就会浪费大量时间。

为了解决每次都要先创建才能使用对象这一弊端，JavaScript 提供了许多内置对象，只需要直接调用或者简单实例化即可使用，常用内置对象有 Array（数组）、Date（日期）、Math（数学）和 String（字符串）。

1）Array 对象

Array 对象是数组对象，前面学习过数组的新建、访问和更新等内容，而内置对象中的 Array，是学习如何直接快速使用数组内置的方法。

直接修改数组内的元素，包括增加和删除数组中的元素，见表 11-1。

表 11-1 数组方法

方法名	作用
push()	追加元素，在数组最后一个元素后面增加新元素
unshift()	在数组第一个元素前面增加新元素
pop()	删除数组的最后一个元素
shift()	删除数组的第一个元素

特征：

（1）执行方法 push()和 unshift()的返回值都是新数组的长度。

（2）执行方法 pop()和 shift()的返回值都是删除的元素值。

（3）当需要添加的元素有多个时，只需要用逗号隔开，并放到小括号中即可。

例 11-7 数组方法.html，运行结果如图 11-7 所示。

```
<!DOCTYPE html>
<html lang="en">
<head>
    <meta charset="UTF-8">
    <meta http-equiv="X-UA-Compatible" content="IE=edge">
    <meta name="viewport" content="width=device-width, initial-scale=1.0">
    <title>数组方法</title>
    <script>
        var newArray = [11, 22, 33, 44, 55, 66, 77, 88, 99, 100];
        console.log(newArray);
        newArray.push(999);
        console.log(newArray);
        newArray.unshift(6);
        console.log(newArray);
        newArray.pop();
        console.log(newArray);
        newArray.shift();
        console.log(newArray);
    </script>
</head>
<body>
</body>
</html>
```

例11-7　数组方法.html

```
▶(10) [11, 22, 33, 44, 55, 66, 77, 88, 99, 100]
▶(11) [11, 22, 33, 44, 55, 66, 77, 88, 99, 100, 999]
▶(12) [6, 11, 22, 33, 44, 55, 66, 77, 88, 99, 100, 999]
▶(11) [6, 11, 22, 33, 44, 55, 66, 77, 88, 99, 100]
▶(10) [11, 22, 33, 44, 55, 66, 77, 88, 99, 100]
```

图11-7　例11-7运行结果

其他常用数组方法有数组排序和索引获取，见表 11-2。

表 11-2　其他常用数组方法

方 法 名	作　用
sort()	把数组中的元素按从小到大进行排序
reverse()	把数组中的元素按倒序重新排列
indexOf()	返回元素在数组中的索引号
lastIndexOf()	从最后面开始查找，返回元素在数组中的索引号

特征：

（1）数组排序会改变原数组，但返回的是新数组。

（2）查找元素在数组中的索引号，都是从 0 开始，找不到则返回-1。

例 11-8 其他数组方法.html，运行结果如图 11-8 所示。

```
<!DOCTYPE html>
<html lang="en">
<head>
   <meta charset="UTF-8">
   <meta http-equiv="X-UA-Compatible" content="IE=edge">
   <meta name="viewport" content="width=device-width, initial-scale=1.0">
   <title>其他数组方法</title>
   <script>
      var newArray = [777, 666, 555, 999, 888];
      console.log(newArray);
      newArray.reverse();
      console.log(newArray);
      newArray.sort();
      console.log(newArray);
      console.log(newArray.indexOf(666));
      console.log(newArray.lastIndexOf(666));
   </script>
</head>
<body>
</body>
</html>
```

例11-8 其他数组方法.html

```
▶ (5) [777, 666, 555, 999, 888]
▶ (5) [888, 999, 555, 666, 777]
▶ (5) [555, 666, 777, 888, 999]
1
1
```

图11-8 例11-8运行结果

2）Date 对象

Date 对象是日期对象，通过构造函数实例化一个日期对象，就可使用日期对象的方法，常用的日期对象方法见表 11-3。

表 11-3 日期方法

方 法 名	作 用
getSeconds()	获取日期对象的秒信息
getMinutes()	获取日期对象的分钟信息
getHours()	获取日期对象的小时信息
getDay()	获取日期对象的星期信息
getDate()	获取日期对象的日信息
getMonth()	获取日期对象的月信息
getFullYear()	获取日期对象的年信息

特征：

（1）执行日期的 getDay()方法，默认是从周日开始到周六结束，索引号从 0 开始，也就是周日对应的是 0，最大索引号是 6。

（2）执行日期的 getMonth()方法，索引号也从 0 开始，也就是 1 月对应 0，最大索引号是 11，实际结果应该是在索引号的基础上加 1。

例 11-9 日期方法.html，运行结果如图 11-9 所示。

```
<!DOCTYPE html>
<html lang="en">
<head>
    <meta charset="UTF-8">
    <meta http-equiv="X-UA-Compatible" content="IE=edge">
    <meta name="viewport" content="width=device-width, initial-scale=1.0">
    <title>日期方法</title>
    <script>
        var newDate = new Date();
        console.log('秒: ' + newDate.getSeconds());
        console.log('分: ' + newDate.getMinutes());
        console.log('时: ' + newDate.getHours());
        console.log('星期: ' + newDate.getDay());
        console.log('日: ' + newDate.getDate());
        console.log('月: ' + newDate.getMonth());
        console.log('年: ' + newDate.getFullYear());
    </script>
</head>
<body>
</body>
</html>
```

例11-9　日期方法.html

```
秒：16
分：18
时：17
星期：0
日：9
月：4
年：2021
```

图11-9　例11-9运行结果

3）Math 对象

Math 对象是数学对象，里面有与数学相关的大量属性和方法，常用的数学对象方法见表 11-4。

表 11-4 数学方法

方 法 名	作 用
abs()	求绝对值
ceil()	向上取整数
floor()	向下取整数
round()	四舍五入
max()	求一组数中的最大值
min()	求一组数中的最小值

特征：

（1）方法 ceil()是往大了取值，而方法 floor()则是往小了取值。

（2）方法 round()用在正数上就是以前数学中学过的四舍五入，但用在负数上，如果小数点后面的值是 5，那么就要往大了取值，比如 Math.round(-1.5)的结果是-1。

例 11-10 数学方法.html，运行结果如图 11-10 所示。

```
<!DOCTYPE html>
<html lang="en">
<head>
    <meta charset="UTF-8">
    <meta http-equiv="X-UA-Compatible" content="IE=edge">
    <meta name="viewport" content="width=device-width, initial-scale=1.0">
    <title>数学方法</title>
    <script>
        console.log(Math.abs(-1));
        console.log(Math.ceil(3.5));
        console.log(Math.floor(8.9));
        console.log(Math.round(5.55));
        console.log(Math.max(1, 2, 3, 4, 5, 6, 7));
        console.log(Math.min(10, 13, 14, 17, 19));
    </script>
</head>
<body>
</body>
</html>
```

例11-10 数学方法.html

```
1
4
8
6
7
10
```

图11-10 例11-10运行结果

数学对象 Math 的属性 PI 用于获取圆周率的值，对象 Math 的方法 random()用于产生随机数，执行该方法会产生一个大于或等于 0，并且小于 1 的随机数。

例 11-11 数学属性和方法.html，运行结果如图 11-11 所示。

```
<!DOCTYPE html>
<html lang="en">
<head>
    <meta charset="UTF-8">
    <meta http-equiv="X-UA-Compatible" content="IE=edge">
    <meta name="viewport" content="width=device-width, initial-scale=1.0">
    <title>数学属性和方法</title>
    <script>
        console.log(Math.PI);
        console.log(Math.random());
    </script>
</head>
<body>
</body>
</html>
```

例11-11　数学属性和方法.html

```
3.141592653589793
0.8627759912452184
```

图11-11　例11-11运行结果

4）String 对象

String 对象是字符串对象，常用的字符串方法见表 11-5。

表 11-5　字符串方法

方 法 名	作　用
indexOf()	返回元素在字符串中的索引号
lastIndexOf()	从最后面开始查找，返回元素在字符串中的索引号
slice()	有开始索引和结束索引两个参数，提取两个索引之间的内容
substring()	有开始索引和结束索引两个参数，提取两个索引之间的内容，与 slice()功能相似，但索引号不能为负值
substr()	从第一个参数的索引开始，以第二个参数为长度提取部分内容
replace()	替换第一个匹配到的字符内容
split()	把字符串按照某个元素分割成数组，返回的是数组
trim()	把字符串前后的空字符去除

特征：

（1）新建一个字符串对象，本质上还是通过关键字 new 和 String 来创建。

（2）不管使用字符串的什么方法，都不会改变原有字符串，返回的都是一个新字符串。

例 11-12 字符串方法.html，运行结果如图 11-12 所示。

```
<!DOCTYPE html>
```

```
<html lang="en">
<head>
    <meta charset="UTF-8">
    <meta http-equiv="X-UA-Compatible" content="IE=edge">
    <meta name="viewport" content="width=device-width, initial-scale=1.0">
    <title>字符串方法</title>
    <script>
        var newString = '字符串方法字符串方法';
        console.log(newString.indexOf('字'));
        console.log(newString.lastIndexOf('字'));
        console.log(newString.slice(0, 3));
        console.log(newString.substr(0, 3));
        console.log(newString.substr(0, 3));
        console.log(newString.replace('字', 'Z'));
        console.log(newString.split('符'));
        console.log(' 前后原来都有空字符 ');
    </script>
</head>
<body>
</body>
</html>
```

例11-12 字符串方法.html

```
0
5
字符串
字符串
字符串
Z符串方法字符串方法
▶(3) ["字", "串方法字", "串方法"]
 前后原来都有空字符
```

图11-12 例11-12运行结果

第 12 章 DOM

学习目标

1. 了解 DOM 基础
2. 了解 DOM 事件
3. 了解事件对象

12.1 DOM基础

DOM（文档对象模型）是用来控制网页内容的一种接口，通过 DOM 可设置网页的标签、样式和行为等内容，比如更改网页中的字体大小和颜色。

DOM 是在网页加载时，浏览器创建的文档对象模型，而 JavaScript 通过 DOM 模型，方便快捷地控制网页上的内容。

1. DOM 元素

DOM 是一个文档，整个 HTML 文件是写在文档中的，而 DOM 中的所有内容都可以看成是一个个元素，通过元素进行控制。

在 DOM 中，获取元素有以下几种方式：

第一种是通过 ID 获取元素。

语法：

```
document.getElementById(ID);
```

特征：

通过 ID 获取的仅仅只是一个元素。

例 12-1 通过 ID 获取元素.html，运行结果如图 12-1 所示。

```
<!DOCTYPE html>
<html lang="en">
<head>
```

```
    <meta charset="UTF-8">
    <meta http-equiv="X-UA-Compatible" content="IE=edge">
    <meta name="viewport" content="width=device-width, initial-scale=1.0">
    <title>通过ID获取元素</title>
</head>
<body>
    <div id="divContent">这是在DIV里面！</div>
    <script>
        var divContent = document.getElementById('divContent');
        console.log(divContent);
    </script>
</body>
</html>
```

例12-1　通过ID获取元素.html

```
<div id="divContent">这是在DIV里面！</div>
```

图12-1　例12-1运行结果

第二种是通过标签名获取元素。

语法：

```
document.getElementsByTagName('标签名');
```

特征：

（1）通过标签名获取的是一个元素集合，是满足标签的所有元素集合，就算只有一个元素，那也是一个元素集合。

（2）元素集合是一种类似数组的形式，可以按照数组的方法来控制。

例 12-2 通过标签名获取元素.html，运行结果如图 12-2 所示。

```
<!DOCTYPE html>
<html lang="en">
<head>
    <meta charset="UTF-8">
    <meta http-equiv="X-UA-Compatible" content="IE=edge">
    <meta name="viewport" content="width=device-width, initial-scale=1.0">
    <title>通过标签名获取元素</title>
</head>
<body>
    <p>第一行！</p>
    <p>第二行！</p>
    <p>第三行！</p>
    <script>
        var pTags = document.getElementsByTagName('p');
        console.log(pTags);
    </script>
</body>
</html>
```

例12-2　通过标签名获取元素.html

```
▼HTMLCollection(3) [p, p, p]
  ▶0: p
  ▶1: p
  ▶2: p
   length: 3
  ▶__proto__: HTMLCollection
```

图12-2　例12-2运行结果

第三种是通过类名获取元素。

语法：

```
document.getElementsByClassName('类名');
```

特征：

通过类名获取的元素同样也是一个元素集合，是满足类名的所有元素集合，而同样只有一个元素时，那也是一个元素集合。

例 12-3 通过类名获取元素.html，运行结果如图 12-3 所示。

```
<!DOCTYPE html>
<html lang="en">
<head>
    <meta charset="UTF-8">
    <meta http-equiv="X-UA-Compatible" content="IE=edge">
    <meta name="viewport" content="width=device-width, initial-scale=1.0">
    <title>通过类名获取元素</title>
</head>
<body>
    <div class="divClass">第一个DIV! </div>
    <div class="divClass">第二个DIV! </div>
    <div class="divClass">第三个DIV! </div>
    <script>
        var divS = document.getElementsByClassName('divClass');
        console.log(divS);
    </script>
</body>
</html>
```

例12-3　通过类名获取元素.html

```
▼HTMLCollection(3) [div.divClass, div.divClass, div.divClass]
  ▶0: div.divClass
  ▶1: div.divClass
  ▶2: div.divClass
   length: 3
  ▶__proto__: HTMLCollection
```

图12-3　例12-3运行结果

第四种是获取 body 和 html 元素。

语法：

```
document.body;
document.documentElement;
```

特征：

在 DOM 中获取 body 和 html 元素时，方式相对简单一些。

例 12-4 获取 body 和 html.html，运行结果如图 12-4 所示。

```
<!DOCTYPE html>
<html lang="en">
<head>
    <meta charset="UTF-8">
    <meta http-equiv="X-UA-Compatible" content="IE=edge">
    <meta name="viewport" content="width=device-width, initial-scale=1.0">
    <title>获取body和html</title>
</head>
<body>
    <p>这是一个段落！</p>
    <div>这是一个DIV！</div>
    <span>这是一个SPAN！</span>
    <script>
        var bodyElement = document.body;
        var htmlElement = document.documentElement;
        console.log(bodyElement);
        console.log(htmlElement);
    </script>
</body>
</html>
```

例12-4 获取body和html.html

```
▼<body>
   <p>这是一个段落！</p>
   <div>这是一个DIV！</div>
   <span>这是一个SPAN！</span>
  ▶<script>…</script>
 </body>

 <html lang="en">
  ▶<head>…</head>
  ▼<body>
     <p>这是一个段落！</p>
     <div>这是一个DIV！</div>
     <span>这是一个SPAN！</span>
    ▶<script>…</script>
   </body>
 </html>
```

图12-4 例12-4运行结果

第五种是比较通用的获取元素方法。

语法：

```
document.querySelector('任意选择器');
document.querySelectorAll('任意选择器');
```

特征：

（1）方法 querySelectorAll 相比 querySelector，前者获取的是一个元素组合，而后者仅仅只是一个元素。

（2）任意选择器要求带上符号，比如 ID 选择器必须带上符号“#”，类选择器必须带上符号“.”，而标签选择器直接写标签名即可。

2. 添加元素

在 DOM 中添加元素分成两步，首先通过方法 createElement 创建元素，然后使用方法 appendChild 或者 insertBefore 添加元素。

语法：

```
var 变量 = document.createElement('标签');
元素.appendChild(新元素);
var 变量 = document.createElement('标签');
元素.insertBefore(新元素, 某个元素的位置);
```

特征：

（1）方法 appendChild 通过追加的方式添加元素。

（2）方法 insertBefore 在某个元素前的位置添加元素。

例 12-5 添加元素.html，运行结果如图 12-5 所示。

```
<!DOCTYPE html>
<html lang="en">
<head>
    <meta charset="UTF-8">
    <meta http-equiv="X-UA-Compatible" content="IE=edge">
    <meta name="viewport" content="width=device-width, initial-scale=1.0">
    <title>添加元素</title>
</head>
<body>
    <ul id="ul"></ul>
    <script>
        var ul = document.getElementById('ul');
        var secondLi = document.createElement('li');
        secondLi.innerText = '这是第二个LI! ';
        ul.appendChild(secondLi);
        var firstLi = document.createElement('li');
        firstLi.innerText = '这是第一个LI! ';
        ul.insertBefore(firstLi, secondLi);
    </script>
</body>
</html>
```

例12-5 添加元素.html

- 这是第一个LI!
- 这是第二个LI!

图12-5 例12-5运行结果

3. 删除元素

在 DOM 中删除元素，通过方法 removeChild 实现。

语法：

```
var 变量= 元素.removeChild(待删除的元素);
```

特征：

在执行方法 removeChild 后，返回的是被删除的元素。

例 12-6 删除元素.html，运行结果如图 12-6 所示。

```
<!DOCTYPE html>
<html lang="en">
<head>
    <meta charset="UTF-8">
    <meta http-equiv="X-UA-Compatible" content="IE=edge">
    <meta name="viewport" content="width=device-width, initial-scale=1.0">
    <title>删除元素</title>
</head>
<body>
    <div id="div">
        <span id="span">在DIV里面有个SPAN! </span>
    </div>
    <script>
        var div = document.getElementById('div');
        var span = document.getElementById('span');
        var deletElement = div.removeChild(span);
        console.log(deletElement);
    </script>
</body>
</html>
```

例12-6 添加元素.html

```
<span id="span">在DIV里面有个SPAN! </span>
```

图12-6 例12-6运行结果

4. 更新元素

在获取 DOM 元素后，可以对元素内容进行获取和更新操作，有两个常用属性 innerText 和 innerHTML。

语法：

```
var 变量= 元素.innerText;
var 变量= 元素.innerHTML;
```

```
元素.innerText = '更新内容';
元素.innerHTML = '更新内容 ';
```

特征：

（1）属性 innerText 不会获取 HTML 标签，只会获取文本，同样在给该属性赋值时，HTML 标签也只会被当成字符串来显示。

（2）属性 innerHTML 能识别 HTML 标签，获取的是所有内容，而在给该属性赋值时，HTML 标签被解析。

例 12-7 innerText 和 innerHTML.html，网页显示结果如图 12-7 所示，控制台输出结果如图 12-8 所示。

```
<!DOCTYPE html>
<html lang="en">
<head>
    <meta charset="UTF-8">
    <meta http-equiv="X-UA-Compatible" content="IE=edge">
    <meta name="viewport" content="width=device-width, initial-scale=1.0">
    <title>innerText和innerHTML</title>
</head>
<body>
    <div id="firstDiv"><strong>这是第一个DIV! </strong></div>
    <div id="secondDiv"><strong>这是第二个DIV! </strong></div>
    <script>
        var firstDiv = document.getElementById('firstDiv');
        var secondDiv = document.getElementById('secondDiv');
        var firstDivContent = firstDiv.innerText;
        var secondDivContent = secondDiv.innerHTML;
        console.log(firstDivContent);
        console.log(secondDivContent);
        firstDiv.innerText = '<i>这是第一个DIV! </i>';
        secondDiv.innerHTML = '<i>这是第二个DIV! </i>';
    </script>
</body>
</html>
```

例12-7 . innerText和innerHTML.html

<i>这是第一个DIV！ </i>
这是第二个DIV!

图12-7　网页显示结果

这是第一个DIV!
<strong>这是第二个DIV! </strong>

图12-8　控制台输出结果

5. 元素属性

针对元素自带的属性，可以直接通过修改标签的属性来更新元素内容，常用的元素属性见表 12-1。

表 12-1 元素属性

属 性	作 用
alt	图片无法显示时的提示信息
href	超链接地址信息
src	图片路径信息
title	图片标题信息
type	表单类型
value	表单的值
checked	复选框是否被选中
selected	下拉框是否被选中
disabled	表单是否可用
style	行内样式
className	类名样式

特征：

（1）属性 style 和 className 都可以对元素设置样式，但前者适用于少量样式的更改，而后者适用于大量样式的修改，在实际开发中也是后者用得比较多。

（2）设置元素属性有多种方法，涉及多个样式时，务必考虑到优先级和就近原则。

例 12-8 元素属性.html，运行结果如图 12-9 所示。

```
<!DOCTYPE html>
<html lang="en">
<head>
    <meta charset="UTF-8">
    <meta http-equiv="X-UA-Compatible" content="IE=edge">
    <meta name="viewport" content="width=device-width, initial-scale=1.0">
    <title>元素属性</title>
    <style>
        div {
            width: 240px;
            height: 50px;
            background-color: red;
        }
        .newDiv {
            width: 330px;
            height: 100px;
            background-color: blue;
        }
    </style>
</head>
<body>
    <div>最终这个DIV会显示什么样式呢？</div>
    <div id="div">最终这个DIV会显示什么样式呢？</div>
    <script>
        var div = document.getElementById('div');
        div.className = 'newDiv';
    </script>
```

```
</body>
</html>
```

例12-8　元素属性.html

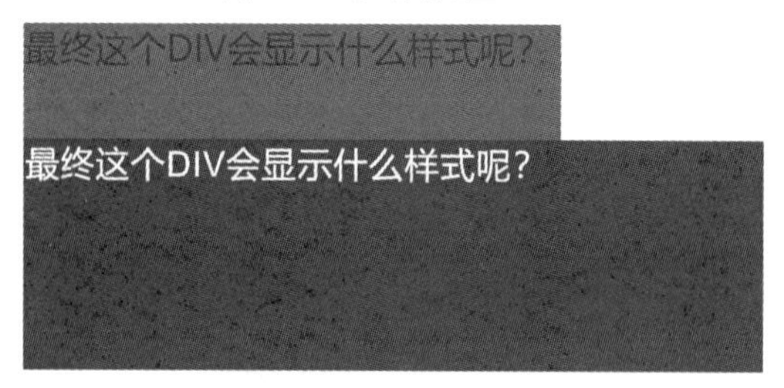

图12-9　例12-8运行结果

6. 自定义属性

当元素自带的属性无法满足需求时，那么自定义属性就非常有必要，能丰富开发过程中的需求，自定义属性有设置属性值、获取属性值和删除属性值等操作。

语法：

```
元素.setAttribute('属性', '属性值');
元素.getAttribute(属性));
元素.removeAttribute(属性);
```

特征：

自定义属性的设置、获取和删除都需要用到特定方法，而自带属性直接使用即可。

例 12-9 自定义属性.html，运行结果如图 12-10 所示。

```
<!DOCTYPE html>
<html lang="en">
<head>
    <meta charset="UTF-8">
    <meta http-equiv="X-UA-Compatible" content="IE=edge">
    <meta name="viewport" content="width=device-width, initial-scale=1.0">
    <title>自定义属性</title>
</head>
<body>
    <div id="div">自定义属性</div>
    <script>
        var div = document.getElementById('div');
        console.log(div.id);
        var zdysx = div.setAttribute('zdysx', 'zidingyishuxing');
        console.log(div.getAttribute('zdysx'));
        div.removeAttribute('zdysx');
        console.log(div.getAttribute('zdysx'));
    </script>
</body>
</html>
```

例12-9　自定义属性.html

```
div
zidingyishuxing
null
```

图12-10 例12-9运行结果

12.2 DOM事件

JavaScript 本质上是为了丰富 HTML 标签和 CSS 样式的行为内容，而 DOM 事件就是给某个指定的元素设置什么样的行为。

1. 事件基础

要想使用事件，必须先给要使用的元素设置事件，使用事件分为三个步骤：

第一步是给什么元素设置事件。

第二步是如何才能让事件触发。

第三步是设置什么样的事件内容。

语法：

```
元素.事件类型 = function () {
    // 执行代码块
}
```

特征：

（1）第一步本质上就是获取元素，拿到要设置事件的元素。

（2）设置事件通过一个函数来赋值，而这个函数等到事件触发时才执行。

例 12-10 事件步骤.html，运行结果如图 12-11 所示。

```
<!DOCTYPE html>
<html lang="en">
<head>
    <meta charset="UTF-8">
    <meta http-equiv="X-UA-Compatible" content="IE=edge">
    <meta name="viewport" content="width=device-width, initial-scale=1.0">
    <title>事件步骤</title>
</head>
<body>
    <button id="btn">触发事件</button>
    <script>
        var btn = document.getElementById('btn');
        btn.onclick = function () {
            console.log('事件被点击触发！');
        }
    </script>
</body>
</html>
```

例12-10 事件步骤.html

事件被点击触发！

图12-11　例12-10运行结果

除了事件 onclick 之外，鼠标的其他事件见表 12-2。

表 12-2　鼠标事件

事　件	触发条件
onclick	鼠标左键被点击，事件触发
onfocus	鼠标获得焦点，事件触发
onblur	鼠标失去焦点，事件触发
onmouseover	鼠标经过时，事件触发
onmouseout	鼠标离开时，事件触发

2. 设置事件

设置事件能用前面的函数赋值方式，但这种方法有局限性，比如给同一个元素同一个事件赋值新的函数时，会覆盖掉前面的函数，造成某些事件函数丢失。

新增的设置事件方法是用 addEventListener 来实现，最大特点是可以给同一个元素同一个事件赋值多个函数，并且被调用时按先后顺序一一执行。

语法：

```
元素.addEventListener('事件类型', function () {
    // 执行代码块
});
```

特征：

事件类型前不用加“on”，只需要写具体的行为关键词即可。

例 12-11 设置事件.html，运行结果如图 12-12 所示。

```
<!DOCTYPE html>
<html lang="en">
<head>
    <meta charset="UTF-8">
    <meta http-equiv="X-UA-Compatible" content="IE=edge">
    <meta name="viewport" content="width=device-width, initial-scale=1.0">
    <title>设置事件</title>
</head>
<body>
    <button id="btn">触发事件多个函数</button>
    <script>
        var btn = document.getElementById('btn');
        btn.addEventListener('click', function () {
            console.log('触发的第一个函数！');
        });
        btn.addEventListener('click', function () {
            console.log('触发的第二个函数！');
        });
```

```
        btn.addEventListener('click', function () {
            console.log('触发的第三个函数！');
        });
    </script>
</body>
</html>
```

例12-11 设置事件.html

触发的第一个函数！
触发的第二个函数！
触发的第三个函数！

图12-12 例12-11运行结果

3. 删除事件

针对前面两种设置事件的方式，都有专门的事件删除方法。

语法：

```
元素.事件类型=null;
元素.removeEventListener('事件类型', 函数名);
```

特征：

用方法 removeEventListener 删除事件时，函数必须有函数名，不能用匿名函数。

例 12-12 删除事件.html，删除事件后点击按钮将不会触发事件。

```
<!DOCTYPE html>
<html lang="en">
<head>
    <meta charset="UTF-8">
    <meta http-equiv="X-UA-Compatible" content="IE=edge">
    <meta name="viewport" content="width=device-width, initial-scale=1.0">
    <title>删除事件</title>
</head>
<body>
    <button id="btn">触发事件</button>
    <button id="btnS">触发事件多个函数</button>
    <script>
        var btn = document.getElementById('btn');
        var btnS = document.getElementById('btnS');
        btn.onclick = fn;
        btnS.addEventListener('click', fn);
        btnS.addEventListener('click', fns);
        btn.onclick = null;
        btnS.removeEventListener('click', fn);
        btnS.removeEventListener('click', fns);
        function fn() {
            console.log('触发事件的函数！');
```

```
        }
        function fns() {
            console.log('触发事件的另一个函数！');
        }
    </script>
</body>
</html>
```

例12-12　删除事件.html

12.3　事件对象

在 DOM 事件被触发时，需要用到其中的一些内容，比如触发事件的元素、某个按键是否被按下等，而事件对象，能很好地解决这个问题。

1. 事件对象概念

事件对象是当事件触发时，所有与事件有关的内容，全部封装在事件对象中。

语法：

```
元素.事件类型 = function (事件对象) {
    // 执行代码块
}
元素.addEventListener('事件类型', function (事件对象) {
    // 执行代码块
});
```

特征：

事件对象是给元素设置事件时自动创建的，直接用类似形参的方式接收，然后在函数中使用即可。

例 12-13 事件对象.html，运行结果如图 12-13 所示。

```
<!DOCTYPE html>
<html lang="en">
<head>
    <meta charset="UTF-8">
    <meta http-equiv="X-UA-Compatible" content="IE=edge">
    <meta name="viewport" content="width=device-width, initial-scale=1.0">
    <title>事件对象</title>
</head>
<body>
    <button id="btn">点击显示事件对象</button>
    <script>
        var btn = document.getElementById('btn');
        btn.addEventListener('click', function (e) {
            console.log(e);
        });
    </script>
</body>
</html>
```

例12-13　事件对象.html

```
▾MouseEvent {isTrusted: true, screenX: 184, screenY: 175, clientX: 52, clientY: 20, …}
    altKey: false
    bubbles: true
    button: 0
    buttons: 0
    cancelBubble: false
    cancelable: true
    clientX: 52
    clientY: 20
    composed: true
    ctrlKey: false
    currentTarget: null
    defaultPrevented: false
    detail: 1
    eventPhase: 0
    fromElement: null
    isTrusted: true
    layerX: 52
    layerY: 20
    metaKey: false
    movementX: 0
    movementY: 0
    offsetX: 43
    offsetY: 10
    pageX: 52
    pageY: 20
  ▸path: (5) [button#btn, body, html, document, Window]
    relatedTarget: null
    returnValue: true
    screenX: 184
    screenY: 175
    shiftKey: false
  ▸sourceCapabilities: InputDeviceCapabilities {firesTouchEvents: false}
  ▸srcElement: button#btn
  ▸target: button#btn
    timeStamp: 892.2000000020489
  ▸toElement: button#btn
    type: "click"
  ▸view: Window {parent: Window, postMessage: ƒ, blur: ƒ, focus: ƒ, close: ƒ, …}
    which: 1
    x: 52
    y: 20
  ▸__proto__: MouseEvent
```

图12-13　例12-13运行结果

2. 事件对象的属性和方法

事件对象中包含了触发事件的对象、类型和一系列方法等内容，常用的属性和方法见表 12-3。

表 12-3　常用属性和方法

属性和方法	作　用
target	触发事件的元素
type	事件的类型
preventDefault()	阻止元素的默认事件

例 12-14 事件对象的属性和方法.html，运行结果如图 12-14 所示，点击网页中的超链接，将不会有跳转页面的事件。

```
<!DOCTYPE html>
```

```
<html lang="en">
<head>
    <meta charset="UTF-8">
    <meta http-equiv="X-UA-Compatible" content="IE=edge">
    <meta name="viewport" content="width=device-width, initial-scale=1.0">
    <title>事件对象的属性和方法</title>
</head>
<body>
    <button id="btn">按钮</button>
    <a id="a" href="https://www.baidu.com">超链接</a>
    <script>
        var btn = document.getElementById('btn');
        btn.addEventListener('click', function (e) {
            console.log(e.target);
            console.log(e.type);
        });
        var a = document.getElementById('a');
        a.addEventListener('click', function (e) {
            e.preventDefault();
        });
    </script>
</body>
</html>
```

例12-14　事件对象的属性和方法.html

```
<button id="btn">按钮</button>
click
```

图12-14　例12-14运行结果

3. 鼠标事件对象

鼠标事件对象 MouseEvent 的常用属性见表 12-4。

表 12-4　鼠标事件对象属性

属　性	作　用
pageX	光标相对于文档页面的 X 坐标
pageY	光标相对于文档页面的 Y 坐标
screenX	光标相对于计算机屏幕的 X 坐标
screenY	光标相对于计算机屏幕的 Y 坐标

例 12-15 鼠标事件对象属性.html，运行结果如图 12-15 所示。

```
<!DOCTYPE html>
<html lang="en">
<head>
    <meta charset="UTF-8">
    <meta http-equiv="X-UA-Compatible" content="IE=edge">
    <meta name="viewport" content="width=device-width, initial-scale=1.0">
    <title>鼠标事件对象属性</title>
```

```
    </head>
    <body>
        <button id="btn">鼠标</button>
        <script>
            var btn = document.getElementById('btn');
            btn.addEventListener('click', function (e) {
                console.log(e.pageX);
                console.log(e.pageY);
                console.log(e.screenX);
                console.log(e.screenY);
            });
        </script>
    </body>
    </html>
```

例12-15 鼠标事件对象属性.html

```
31
19
109
171
```

图12-15 例12-15运行结果

4. 键盘事件对象

键盘事件对象 KeyboardEvent 的常用事件见表 12-5。

表 12-5 键盘事件

事 件	触 发 条 件
keydown	某个按键被按下时触发，不松开会一直执行
keypress	某个按键被按下时触发，但按下功能键不会触发
keyup	某个按键被按下后松开时触发

例 12-16 键盘事件.html，按下非功能键的运行结果如图 12-16 所示，按下功能键的运行结果如图 12-17 所示。

```
    <!DOCTYPE html>
    <html lang="en">
    <head>
        <meta charset="UTF-8">
        <meta http-equiv="X-UA-Compatible" content="IE=edge">
        <meta name="viewport" content="width=device-width, initial-scale=1.0">
        <title>键盘事件</title>
    </head>
    <body>
        <script>
```

```
        document.addEventListener('keydown', function () {
            console.log('keydown');
        });
        document.addEventListener('keypress', function () {
            console.log('keypress');
        });
        document.addEventListener('keyup', function () {
            console.log('keyup');
        });
    </script>
</body>
</html>
```

例12-16 键盘事件.html

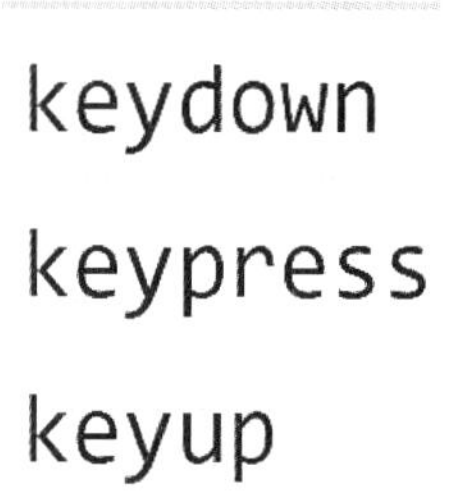

```
keydown
keypress
keyup
```

图12-16 按下非功能键的运行结果

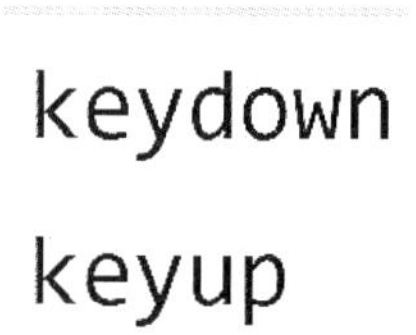

```
keydown
keyup
```

图12-17 按下功能键的运行结果

另外，键盘事件中有个属性 keyCode，可以得到按键的 ASCII 码值，通过该 ASCII 码值可以用来判断按下的是哪个键。

特征：

keydown 和 keyup 不区分字母大小写，而 keypress 是区分字母大小的，并且按下功能键时不会触发，因此很少使用。

例 12-17 键盘事件对象属性.html，运行结果如图 12-18 所示。

```
<!DOCTYPE html>
<html lang="en">
<head>
    <meta charset="UTF-8">
    <meta http-equiv="X-UA-Compatible" content="IE=edge">
    <meta name="viewport" content="width=device-width, initial-scale=1.0">
    <title>键盘事件对象属性</title>
</head>
<body>
    <script>
        document.addEventListener('keyup', function (e) {
            if (e.keyCode == 81) {
                console.log('你按下的按键是Q! ')
            } else if (e.keyCode == 82) {
                console.log('你按下的按键是R! ')
            } else {
                console.log('暂时查不到! ')
```

```
            }
        });
    </script>
</body>
</html>
```

例12-17 键盘事件对象属性.html

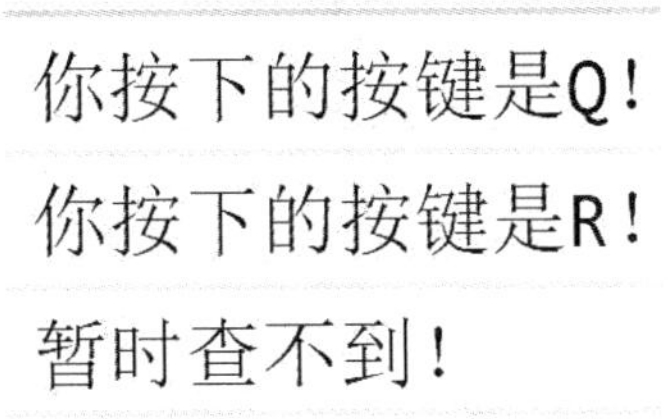

你按下的按键是Q!

你按下的按键是R!

暂时查不到!

图12-18 例12-17运行结果

第13章 BOM

学习目标

1. 了解BOM基础
2. 了解网页特效

13.1 BOM基础

BOM是浏览器对象模型，可以对浏览器内的元素进行控制，比如获取浏览器的版本，对象的范围比DOM对象的还要大，前者是包含后者的关系。

BOM是window对象，其中包含document对象（DOM）、location对象、navigator对象、screen对象和history对象。

1. window对象

window对象是浏览器中最大的对象，是一个全局对象，其中所有的属性和方法，都会成为window对象的属性和方法，都是可以调用的。

document对象其实也在window对象中，使用时本质上就是执行window.document的属性和事件，不过很多时候会把前面的全局对象window省略掉。

window对象的常用属性和事件见表13-1。

表13-1 window对象的属性和事件

属性和事件	作　用
常用属性	所有属性都是window对象的属性
onload()	等当前窗口加载完执行的事件
addEventListener()	跟onload()的作用一样，但可以设置多个事件
open()	打开一个新的窗口
close()	关闭当前的窗口

特征：

（1）事件 onload 是等到窗口加载完毕再执行事件。

（2）给同一个元素写多个 onload 事件，只会以最新的为准。

例 13-1 加载事件.html，运行结果如图 13-1 所示，有两个加载事件，但只会执行最新的那个，并不是依次执行并覆盖。

```
<!DOCTYPE html>
<html lang="en">
<head>
    <meta charset="UTF-8">
    <meta http-equiv="X-UA-Compatible" content="IE=edge">
    <meta name="viewport" content="width=device-width, initial-scale=1.0">
    <title>加载事件</title>
    <style>
        div {
            width: 100px;
            height: 50px;
            background-color: red;
        }
    </style>
    <script>
        window.onload = function () {
            var div = document.getElementById('div');
            div.style.height = '100px';
            div.style.backgroundColor = 'blue';
        }
        window.onload = function () {
            var div = document.getElementById('div');
            div.style.width = '150px';
            div.style.backgroundColor = 'green';
        }
    </script>
</head>
<body>
    <div></div>
    <div id="div"></div>
</body>
</html>
```

例13-1 加载事件.html

图13-1 例13-1运行结果

例 13-2 加载多个事件.html，运行结果如图 13-2 所示，有两个加载事件，会按顺序先后执行，最新的结果会覆盖原来的。

```
<!DOCTYPE html>
<html lang="en">
<head>
    <meta charset="UTF-8">
    <meta http-equiv="X-UA-Compatible" content="IE=edge">
    <meta name="viewport" content="width=device-width, initial-scale=1.0">
    <title>加载多个事件</title>
    <style>
        div {
            width: 100px;
            height: 50px;
            background-color: red;
        }
    </style>
    <script>
        window.addEventListener('load', function () {
            var div = document.getElementById('div');
            div.style.height = '100px';
            div.style.backgroundColor = 'blue';
        });
        window.addEventListener('load', function () {
            var div = document.getElementById('div');
            div.style.width = '150px';
            div.style.backgroundColor = 'green';
        });
    </script>
</head>
<body>
    <div></div>
    <div id="div"></div>
</body>
</html>
```

例13-2　加载多个事件.html

图13-2　运行结果

2. location 对象

location 对象是获取当前网页地址的属性和事件。location 对象的属性和事件见表 13-2。

表 13-2　location 对象的属性和事件

属性和事件	作　用
href	获取当前网页的地址
pathname	获取当前网页的路径
search	获取当前网页的参数
assign()	重定向网页
reload()	重新加载页面
replace()	替换当前网页

例 13-3 location 属性.html，运行结果如图 13-3 所示。

```
<!DOCTYPE html>
<html lang="en">
<head>
    <meta charset="UTF-8">
    <meta http-equiv="X-UA-Compatible" content="IE=edge">
    <meta name="viewport" content="width=device-width, initial-scale=1.0">
    <title>location属性</title>
    <script>
        window.addEventListener('load', function () {
            console.log(location.href);
            console.log(location.pathname);
            console.log(location.search);
        });
    </script>
</head>
<body>
</body>
</html>
```

例13-3　location属性.html

```
file:///F:/temp.html?id=location
/F:/temp.html
?id=location
```

图13-3　例13-3运行结果

例 13-4 location 事件.html，运行结果就是重定向页面 www.baidu.com。

```
<!DOCTYPE html>
<html lang="en">
<head>
    <meta charset="UTF-8">
    <meta http-equiv="X-UA-Compatible" content="IE=edge">
    <meta name="viewport" content="width=device-width, initial-scale=1.0">
```

```
    <title>location事件</title>
    <script>
      window.addEventListener('load', function () {
        location.assign("https://www.baidu.com");
      });
    </script>
</head>
<body>
</body>
</html>
```

例13-4　location事件.html

3. navigator对象

navigator对象是获取有关浏览器的信息，一般用来判断浏览器的设备。

例13-5 navigator对象.html，运行结果如图13-4所示。

```
<!DOCTYPE html>
<html lang="en">
<head>
    <meta charset="UTF-8">
    <meta http-equiv="X-UA-Compatible" content="IE=edge">
    <meta name="viewport" content="width=device-width, initial-scale=1.0">
    <title>navigator对象</title>
    <script>
      window.addEventListener('load', function () {
        console.log(navigator.userAgent);
      });
    </script>
</head>
<body>
</body>
</html>
```

例13-5　navigator对象.html

```
Mozilla/5.0 (Windows NT 10.0; WOW64) AppleWebKit/537.36
(KHTML, like Gecko) Chrome/78.0.3904.108 Safari/537.36
```

图13-4　例13-5运行结果

4. screen对象

screen对象是获取显示屏幕的信息，比如屏幕的宽度和高度。

例13-6 screen对象.html，运行结果如图13-5所示。

```
<!DOCTYPE html>
<html lang="en">
<head>
    <meta charset="UTF-8">
    <meta http-equiv="X-UA-Compatible" content="IE=edge">
    <meta name="viewport" content="width=device-width, initial-scale=1.0">
    <title>screen对象</title>
```

```
    <script>
        window.addEventListener('load', function () {
            console.log(screen.width);
            console.log(screen.height);
        });
    </script>
</head>
<body>
</body>
</html>
```

例13-6 screen对象.html

1920

1080

图13-5 例13-6运行结果

5. history 对象

history 对象用于获取历史记录信息。history 对象的属性和事件见表 13-3。

表 13-3 history 对象的属性和事件

属性和事件	作 用
length	获取历史记录的数量
forward()	向前加载页面
back()	向后加载页面
go()	加载到具体页面

例 13-7 history 属性和事件.html，运行结果如图 13-6 所示，由于是首次加载，只有当前页面这一条历史记录，属性 length 的值为 1。

```
<!DOCTYPE html>
<html lang="en">
<head>
    <meta charset="UTF-8">
    <meta http-equiv="X-UA-Compatible" content="IE=edge">
    <meta name="viewport" content="width=device-width, initial-scale=1.0">
    <title>history对象</title>
    <script>
        window.addEventListener('load', function () {
            console.log(history.length);
            var backBtn = document.getElementById('backBtn');
            backBtn.addEventListener('click', function () {
                history.back();
            });
            var forwardBtn = document.getElementById('forwardBtn');
            forwardBtn.addEventListener('click', function () {
```

```
                history.forward();
            });
        });
    </script>
</head>
<body>
    <button id="backBtn">后退</button>
    <a href="https://www.baidu.com">临时链接</a>
    <button id="forwardBtn">前进</button>
</body>
</html>
```

例13-7　history属性和事件.html

1

图13-6　例13-7运行结果

6. 本地存储对象

本地存储对象是浏览器用来存储数据的一个对象，包括 sessionStorage 和 localStorage，前者能存储 5 MB 左右的数据，而后者可存储 20 MB 左右的数据，相比传统的 cookie 要大得多。

本地存储对象的数据存在用户访问的浏览器上，并且只能以键值对的形式和字符串的格式存储，本地存储对象的常用事件见表 13-4。

表 13-4　本地存储对象的事件

事　件	作　用
setItem()	存储数据到本地存储对象
getItem()	从本地存储对象获取数据
removeItem()	移除本地存储对象指定的数据
clear()	清空本地存储对象中的所有数据

调试本地存储对象时，通过 Application 中的 Storage 查看结果。

特征：

（1）sessionStorage 对象在浏览器关闭后就消失，只能在同一个页面中调用数据。

（2）localStorage 对象在浏览器关闭后仍然存在，并且可以在多个页面之间共享数据。

例 13-8 sessionStorage 对象.html，在存储数据后获取数据的控制台结果如图 13-7 所示，在存储数据后的调试结果如图 13-8 所示。

```
<!DOCTYPE html>
<html lang="en">
<head>
    <meta charset="UTF-8">
    <meta http-equiv="X-UA-Compatible" content="IE=edge">
    <meta name="viewport" content="width=device-width, initial-scale=1.0">
    <title>sessionStorage对象</title>
```

```
    <script>
        window.addEventListener('load', function () {
            var setBtn = document.getElementById('setBtn');
            var getBtn = document.getElementById('getBtn');
            var removeBtn = document.getElementById('removeBtn');
            var clearBtn = document.getElementById('clearBtn');
            setBtn.addEventListener('click', function () {
                sessionStorage.setItem('height', '180公分');
                sessionStorage.setItem('weight', '80公斤');
            });
            getBtn.addEventListener('click', function () {
                console.log(sessionStorage.getItem('height'));
                console.log(sessionStorage.getItem('weight'));
            });
            removeBtn.addEventListener('click', function () {
                sessionStorage.removeItem('weight');
            });
            clearBtn.addEventListener('click', function () {
                sessionStorage.clear();
            });
        });
    </script>
</head>
<body>
    <button id="setBtn">存储数据</button>
    <button id="getBtn">获取数据</button>
    <button id="removeBtn">移除数据</button>
    <button id="clearBtn">清空所有数据</button>
</body>
</html>
```

例13-8 sessionStorage对象.html

```
180公分
80公斤
```

图13-7 例13-8运行结果（一）

Key	Value
height	180公分
weight	80公斤

图13-8 例13-8运行结果（二）

例 13-9 localStorage 对象.html，在存储数据后获取数据的控制台结果如图 13-9 所示，在存储数据后的调试结果如图 13-10 所示。

不同于 sessionStorage 对象，当浏览器关闭后，localStorage 对象存储的数据仍然存在。

```
<!DOCTYPE html>
<html lang="en">
<head>
    <meta charset="UTF-8">
    <meta http-equiv="X-UA-Compatible" content="IE=edge">
    <meta name="viewport" content="width=device-width, initial-scale=1.0">
    <title>localStorage对象</title>
    <script>
```

```
        window.addEventListener('load', function () {
            var setBtn = document.getElementById('setBtn');
            var getBtn = document.getElementById('getBtn');
            var removeBtn = document.getElementById('removeBtn');
            var clearBtn = document.getElementById('clearBtn');
            setBtn.addEventListener('click', function () {
                localStorage.setItem('name', 'zhangfei');
                localStorage.setItem('address', '浙江绍兴');
            });
            getBtn.addEventListener('click', function () {
                console.log(localStorage.getItem('name'));
                console.log(localStorage.getItem('address'));
            });
            removeBtn.addEventListener('click', function () {
                localStorage.removeItem('weight');
            });
            clearBtn.addEventListener('click', function () {
                localStorage.clear();
            });
        });
    </script>
</head>
<body>
    <button id="setBtn">存储数据</button>
    <button id="getBtn">获取数据</button>
    <button id="removeBtn">移除数据</button>
    <button id="clearBtn">清空所有数据</button>
</body>
</html>
```

例13-9　localStorage对象.html

zhangfei
浙江绍兴

图13-9　例13-9运行结果（一）

Key	Value
name	zhangfei
address	浙江绍兴

图13-10　例13-9运行结果（二）

13.2　网页特效

前面学习的 HTML 标签、CSS 样式、JavaScript、DOM 和 BOM 常用对象，都只是常规的属性和方法，并未涉及网页特效的内容，比如如何让一个 DIV 标签动起来，这就需要学习定时器和偏移量等知识点。

1. client 可视区

client 指的是可视区，浏览器展示在可视区域的内容，通过 client 能获得元素自身的数据，可视区常用属性见表 13-5。

表 13-5　可视区属性

属　性	作　用
clientTop	元素上边框的数据
clientLeft	元素左边框的数据
clientWidth	元素自身的宽度，包括 padding 和 width，但没有 border
clientHeight	元素自身的高度，包括 padding 和 height，但没有 border

特征：

获得的可视区数据都没有单位，并且都只是只读属性。

例 13-10 可视区.html，运行结果如图 13-11 所示。

```
<!DOCTYPE html>
<html lang="en">
<head>
    <meta charset="UTF-8">
    <meta http-equiv="X-UA-Compatible" content="IE=edge">
    <meta name="viewport" content="width=device-width, initial-scale=1.0">
    <title>可视区</title>
    <style>
        #div {
            width: 200px;
            height: 100px;
            border-top: 6px solid green;
            border-left: 8px solid blue;
            padding: 10px;
            background-color: red;
        }
    </style>
    <script>
        window.addEventListener('load', function () {
            var div = document.getElementById('div');
            console.log(div.clientTop);
            console.log(div.clientLeft);
            console.log(div.clientWidth);
            console.log(div.clientHeight);
        });
    </script>
</head>
<body>
    <div id="div">
    </div>
</body>
</html>
```

例13-10　可视区.html

6

8

220

120

图13-11　例13-10运行结果

2. offset 偏移

offset 指的是偏移，这个偏移是相对于上级元素的，通过 offset 能获得元素相对上级元素的距离，以及元素自身的宽度和高度，有关偏移的常用属性见表 13-6。

表 13-6　偏移属性

属　性	作　用
offsetTop	相对于上级元素上方的偏移量
offsetLeft	相对于上级元素左边的偏移量
offsetWidth	元素自身的宽度，包括 padding、border 和 width 三个属性的值
offsetHeight	元素自身的高度，包括 padding、border 和 height 三个属性的值

特征：

（1）要想得到偏移的数据，当前元素所在的上级元素必须有定位，如果没有的话，那么就会把 body 定为上级元素，再计算偏移数据。

（2）偏移能获得 CSS 中的所有数据，但都没有单位，也都只是只读属性。

例 13-11 偏移.html，运行结果如图 13-12 所示。

```
<!DOCTYPE html>
<html lang="en">
<head>
    <meta charset="UTF-8">
    <meta http-equiv="X-UA-Compatible" content="IE=edge">
    <meta name="viewport" content="width=device-width, initial-scale=1.0">
    <title>偏移</title>
    <style>
        #bigDiv {
            position: absolute;
            width: 222px;
            height: 111px;
            background-color: red;
        }
        #smallDiv {
            width: 99px;
            height: 55px;
            background-color: green;
            margin-top: 3px;
```

```
            margin-left: 6px;
        }
    </style>
    <script>
        window.addEventListener('load', function () {
            var bigDiv = document.getElementById('bigDiv');
            var smallDiv = document.getElementById('smallDiv');
            console.log(smallDiv.offsetTop);
            console.log(smallDiv.offsetLeft);
            console.log(smallDiv.offsetWidth);
            console.log(smallDiv.offsetHeight);
        });
    </script>
</head>
<body>
    <div id="bigDiv">
        <div id="smallDiv"></div>
    </div>
</body>
</html>
```

例13-11 偏移.html

```
3
6
99
55
```

图13-12 例13-11运行结果

3. scroll 滚动

scroll 指的是滚动，获得滚动时元素的数据，滚动常用属性见表 13-7。

表 13-7 滚动属性

属性	作用
scrollTop	滚动条“滚”过上侧的距离
scrollLeft	滚动条“滚”过左侧的距离
scrollWidth	元素自身的实际宽度，也就是属性 width 的值
scrollHeight	元素自身的实际高度，也就是属性 height 的值

特征：

（1）当浏览器无法展示所有页面的内容时，滚动条就会自动出现，随着滚动条滚动，就会有“滚”过的距离。

（2）利用滚动条滚动时触发的 scroll 事件，可获取当前 scroll 的相关属性。

例 13-12 滚动.html，运行结果如图 13-13 所示。

```
<!DOCTYPE html>
<html lang="en">
<head>
    <meta charset="UTF-8">
    <meta http-equiv="X-UA-Compatible" content="IE=edge">
    <meta name="viewport" content="width=device-width, initial-scale=1.0">
    <title>滚动</title>
    <style>
        #div {
            width: 200px;
            height: 200px;
            overflow: auto;
        }
    </style>
    <script>
        window.addEventListener('load', function () {
            var div = document.getElementById('div');
            div.addEventListener('scroll', function () {
                console.log(div.scrollTop);
                console.log(div.scrollWidth);
                console.log(div.scrollHeight);
            });
        });
    </script>
</head>
<body>
    <div id="div">
        这只是为了凑数的，强制产生内容无法在浏览器全部展示的效果！这只是为了凑数的，强制
产生内容无法在浏览器全部展示的效果！这只是为了凑数的，强制产生内容无法在浏览器全部展示的效果！
这只是为了凑数的，强制产生内容无法在浏览器全部展示的效果！
    </div>
</body>
</html>
```

例13-12 滚动.html

```
0.5263158082962036
191
231
```

图13-13 例13-12运行结果

4. 定时器

定时器用来满足不同时间要求的事件需求，在 window 对象中有两个事件，分别是 setTimeout()和 setInterval()，以及相对应停止定时器的 clearTimeout()和 clearInterval()。

语法：

```
setTimeout(回调函数，延迟的毫秒数);
clearTimeout(setTimeout的名字);
```

特征：

（1）事件 setTimeout 中的回调函数会在延迟毫秒数结束后执行。

（2）回调函数可以用匿名函数，也可以用函数名。

（3）事件 setTimeout 必须有一个“名字”才能够被停止，往往用有意义的命名。

例 13-13 setTimeout.html，运行结果如图 13-14 所示。

```
<!DOCTYPE html>
<html lang="en">
<head>
    <meta charset="UTF-8">
    <meta http-equiv="X-UA-Compatible" content="IE=edge">
    <meta name="viewport" content="width=device-width, initial-scale=1.0">
    <title>setTimeout</title>
    <script>
        window.addEventListener('load', function () {
            setTimeout(function () {
                console.log('5分钟后回来继续上课啦！');
            }, 5000);
        });
    </script>
</head>
<body>
</body>
</html>
```

例13-13　setTimeout.html

5分钟后回来继续上课啦！

图13-14　例13-13运行结果

语法：

```
setInterval(回调函数，间隔的毫秒数);
clearInterval(setInterval的名字);
```

特征：

（1）事件 setInterval 中的回调函数会间隔一定毫秒数执行。

（2）回调函数可以用匿名函数，也可以用函数名。

（3）事件 setInterval 必须有一个“名字”才能够被停止，往往用有意义的命名。

（4）事件 setInterval 是间隔一段时间就调用函数，是会重复调用的，而事件 setInterval 是在延迟时间到了就执行一次，后面不会再重复执行。

例 13-14 setInterval.html，运行结果如图 13-15 所示。

```
<!DOCTYPE html>
```

```
<html lang="en">
<head>
    <meta charset="UTF-8">
    <meta http-equiv="X-UA-Compatible" content="IE=edge">
    <meta name="viewport" content="width=device-width, initial-scale=1.0">
    <title>setInterval</title>
    <script>
        window.addEventListener('load', function () {
            var eventSum = 1;
            setInterval(function () {
                console.log('第' + eventSum + '次执行定时器！');
                eventSum++;
            }, 1000);
        });
    </script>
</head>
<body>
</body>
</html>
```

例13-14　setInterval.html

第1次执行定时器！

第2次执行定时器！

第3次执行定时器！

图13-15　例13-14运行结果

5. 网页动画

网页动画可以实现元素在页面内的移动，需要用到定时器 setInterval，以及重复给元素增加移动距离，从而实现动画效果。

例 13-15 网页动画.html，网页加载时的页面效果如图 13-16 所示，定时器停止后的页面效果如图 13-17 所示。

```
<!DOCTYPE html>
<html lang="en">
<head>
    <meta charset="UTF-8">
    <meta http-equiv="X-UA-Compatible" content="IE=edge">
    <meta name="viewport" content="width=device-width, initial-scale=1.0">
    <title>网页动画</title>
    <style>
        #bigDiv {
            width: 350px;
            height: 100px;
            background-color: red;
```

```
        }
        #smallDiv {
            position: absolute;
            width: 100px;
            height: 50px;
            background-color: green;
        }
    </style>
    <script>
        window.addEventListener('load', function () {
            var smallDiv = document.getElementById('smallDiv');
            var intervalId = setInterval(function () {
                if (smallDiv.offsetLeft > 190) {
                    clearInterval(intervalId);
                } else {
                    smallDiv.style.left = smallDiv.offsetLeft + 2 + 'px';
                }
            }, 50);
        });
    </script>
</head>
<body>
    <div id="bigDiv">
        <div id="smallDiv"></div>
    </div>
</body>
</html>
```

例13-15　网页动画.html

图13-16　例13-15运行结果（一）

图13-17　例13-15运行结果（二）

彩色图片
图13-17

第 14 章 jQuery

学习目标

1. 了解 jQuery 简介
2. 了解 jQuery 选择器
3. 掌握 jQuery 动画
4. 掌握 jQuery 属性和方法
5. 掌握 jQuery 事件

14.1 jQuery简介

jQuery 是一个 JavaScript 库，也可以理解成一个引用的 JS 文件，其中封装了大量功能代码块，通过 jQuery 能快速实现开发 JavaScript 的功能。

jQuery 并不是唯一的 JavaScript 库，只不过 jQuery 有大量优点，是学习 JavaScript 过程中经常会使用的一个 JS 库，本质上其实还是 JavaScript。

1. jQuery 概念

jQuery 的全称是 JavaScript Query，也就是 JavaScript 查询的意思，其设计宗旨是“write less, do more”，意味着写尽可能少的代码，实现更可能多的功能。

jQuery 好比人们生活中煮饭的电饭锅，而 JavaScript 更像原始的柴火饭。

基于 jQuery 的优势，才让该 JavaScript 库受到开发人员的欢迎，其涵盖以下几点优势：

（1）jQuery 封装了大量 JavaScript 功能代码块，学习 jQuery 就是学习怎么快速有效地调用功能代码块，比如在 jQuery 中实现网页动画效果相比 JavaScript 显得更简单。

（2）jQuery 核心引用 min.js 文件大小不到 100 KB，甚至 js 文件也不大，引入后使用起来极为方便，几乎不会影响网页加载速度。

（3）jQuery 兼容市面上的大部分浏览器，大大降低了开发人员处理兼容问题的工作量。

（4）jQuery 操作同一个 jQuery 对象，可以直接用链式方式操作，无须重复获取对象。

（5）jQuery 封装了大量 DOM 操作，把大量功能代码块简化，只要按需调用即可。

（6）jQuery 是一个免费和开源的 JavaScript 库，一直在不断完善更新，满足越来越多的开发功能需求。

2. jQuery 使用

jQuery 使用步骤分为两步，先从官网（https://code.jquery.com/）下载最新版本的引用文件，可以下载压缩的，也可以下载未压缩过的，只是大小不同而已，然后直接使用即可。

引用文件的方式与引入 JavaScript 外部文件一样。

语法：

```
<script src="jquery.min.js"></script>
<script src="jquery.js"></script>
```

特征：

引用文件不一定非要与使用的文件放在同一个目录，只要能调用得到即可。

3. 顶级对象$

jQuery 中有个顶级对象$，也是 jQuery 的别称，一般情况下两者通用，但为了方便都会使用$，$于 jQuery 就像 window 于 JavaScript 的顶级对象地位一样。

同样在 jQuery 中，也有等页面 DOM 元素加载完才执行的入口方式，有两种书写格式：

语法：

```
$(function () {
    // 执行代码块
});
$(document).ready(function () {
    // 执行代码块
});
```

特征：

（1）上面两种方式实现的功能效果一样，但从代码书写的角度，推荐使用第一种方式。

（2）通过顶级对象封装函数的方式，其实 jQuery 中封装了大量 DOM 代码。

例 14-1 顶级对象.html，页面加载效果如图 14-1 所示，单击“消失”按钮后的页面效果如图 14-2 所示。

```
<!DOCTYPE html>
<html lang="en">
<head>
    <meta charset="UTF-8">
    <meta http-equiv="X-UA-Compatible" content="IE=edge">
    <meta name="viewport" content="width=device-width, initial-scale=1.0">
    <title>顶级对象</title>
    <style>
        #div {
            width: 100px;
            height: 50px;
```

```
            background-color: red;
        }
    </style>
    <script src="jquery.min.js"></script>
    <script>
        $(function () {
            $('#btn').click(function () {
                $('#div').hide();
            });
        });
    </script>
</head>
<body>
    <button id="btn">消失</button>
    <div id="div"></div>
</body>
</html>
```

例14-1 顶级对象.html

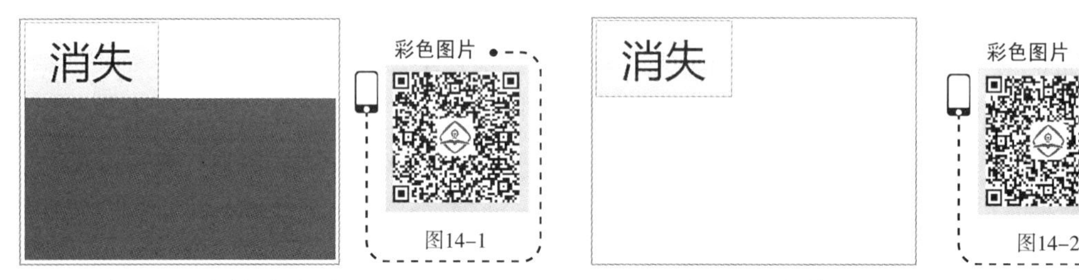

图14-1 例14-1运行结果（一） 图14-2 例14-1运行结果（二）

4. $和 DOM

$（jQuery 对象）和 DOM 对象并没有严格区分，本来 DOM 是 JavaScript 的对象，而 jQuery 是 JavaScript 库，为了使用 jQuery，要把 DOM 对象转换成 jQuery 对象，反之 jQuery 并不会把 JavaScript 的所有属性和方法封装起来，那么就需要把 jQuery 转换成 DOM 对象。

（1）把 DOM 对象转换成 jQuery 对象。

语法：

```
$(DOM对象);
```

（2）把 jQuery 对象转换成 DOM 对象。

语法：

```
$(DOM对象)[索引号];
$(DOM对象).get(索引号);
```

例 14-2 $和 DOM.html，运行结果如图 14-3 所示。

```
<!DOCTYPE html>
<html lang="en">
<head>
    <meta charset="UTF-8">
    <meta http-equiv="X-UA-Compatible" content="IE=edge">
```

```
    <meta name="viewport" content="width=device-width, initial-scale=1.0">
    <title>$和DOM</title>
    <style>
        div {
            width: 100px;
            height: 20px;
        }
        #firstDiv {
            background-color: red;
        }
        #secondDiv {
            background-color: green;
        }
        #thirdDiv {
            background-color: blue;
        }
    </style>
    <script src="jquery.min.js"></script>
</head>
<body>
    <div id="firstDiv"></div>
    <div id="secondDiv"></div>
    <div id="thirdDiv"></div>
    <script>
        var secondDiv = document.getElementById('secondDiv')
        $(secondDiv).css('width', '120px');
        $('div').get(2).style.width = '140px';
    </script>
</body>
</html>
```

例14-2　$和DOM.html

图14-3　例14-2运行结果

14.2　jQuery选择器

jQuery 基于 JavaScript，其中封装了许多选择元素的方法，最大的优势就是把很多兼容性问题规避掉，而本质就是在原来 CSS 选择器的基础上获取 jQuery 对象，jQuery 选择器延续 CSS 选择器的书写习惯。

1. 基础选择器

常用的 jQuery 基础选择器见表 14-1。

语法：

```
$('CSS选择器');
```

表 14-1　基础选择器

选 择 器	作　用
$('标签');	获取所有标签的元素
$('.类名');	获取所有含有类名的元素
$('#ID');	获取第一个带有 ID 的元素
$('*');	获取所有元素

例 14-3 基础选择器.html，运行结果如图 14-4 所示。

```
<!DOCTYPE html>
<html lang="en">
<head>
    <meta charset="UTF-8">
    <meta http-equiv="X-UA-Compatible" content="IE=edge">
    <meta name="viewport" content="width=device-width, initial-scale=1.0">
    <title>基础选择器</title>
    <script src="jquery.min.js"></script>
    <script>
        $(function () {
            $('p').css('color', 'red');
            $('.spanClass').css('color', 'green');
            $('#div').css('color', 'blue');
            $('*').css('font-family', '华文彩云');
        });
    </script>
</head>
<body>
    <p>这是一个段落！</p>
    <span class="spanClass">这是一个span！</span>
    <div id="div">这是一个div！</div>
</body>
</html>
```

例14-3　基础选择器.html

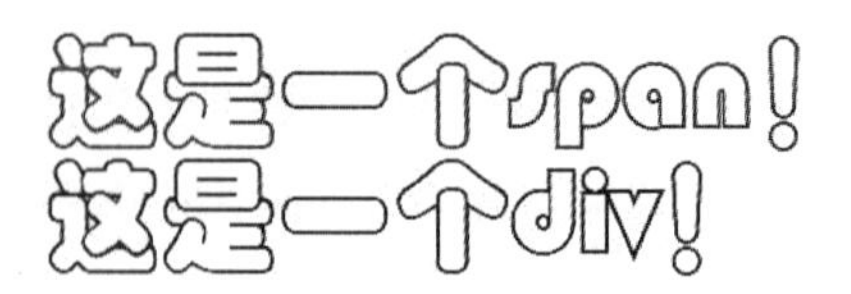

图14-4　例14-3运行结果

2. 复合选择器

jQuery 复合选择器由两个及以上的基础选择器组合，常用的复合选择器见表 14-2。

表 14-2 复合选择器

选择器	作用
$('标签 1 标签 2');	获取标签 1 中所有标签 2 的元素
$('标签 1>标签 2');	获取标签 1 中最近一级标签 2 的元素
$('标签 1,标签 2,标签 3');	获取多个标签的元素

特征：

复合选择器中的标签可以替换成类名或 ID 选择器。

例 14-4 复合选择器.html，运行结果如图 14-5 所示。

```
<!DOCTYPE html>
<html lang="en">
<head>
    <meta charset="UTF-8">
    <meta http-equiv="X-UA-Compatible" content="IE=edge">
    <meta name="viewport" content="width=device-width, initial-scale=1.0">
    <title>复合选择器</title>
    <script src="jquery.min.js"></script>
    <script>
        $(function () {
            $('div p').css('font-weight', '700');
            $('#div>p').css('color', 'red');
            $('div p span').css('font-family', '华文琥珀');
        });
    </script>
</head>
<body>
    <div id="div">
        <div>DIVDIV</div>
        <div>
            <p>PP</p>
        </div>
        <p>PP</p>
        <span>SPANSPAN</span>
    </div>
</body>
</html>
```

例14-4 复合选择器.html

DIVDIV

PP

PP

SPANSPAN

彩色图片

图14-5

图14-5　例14-4运行结果

3. 筛选选择器

jQuery 筛选选择器能更加快捷地选择元素，常用的筛选选择器见表 14-3。

表 14-3　筛选选择器

选　择　器	作　　用
$('选择器:first');	获取选择器中第一个元素
$('选择器:last);	获取选择器中最后一个元素
$('选择器:odd');	获取选择器中索引号为奇数的元素
$('选择器:even');	获取选择器中索引号为偶数的元素

例 14-5 筛选选择器.html，运行结果如图 14-6 所示。

```
<!DOCTYPE html>
<html lang="en">
<head>
    <meta charset="UTF-8">
    <meta http-equiv="X-UA-Compatible" content="IE=edge">
    <meta name="viewport" content="width=device-width, initial-scale=1.0">
    <title>筛选选择器</title>
    <script src="jquery.min.js"></script>
    <script>
        $(function () {
            $('#firstOl>li:first').css('color', 'red');
            $('#firstOl>li:last').css('color', 'blue');
            $('#secondOl>li:odd').css('color', 'purple');
            $('#secondOl>li:even').css('color', 'green');
        });
    </script>
</head>
<body>
    <ol id="firstOl">
        <li>LILILILILILILILI</li>
        <li>LILILILILILILILI</li>
        <li>LILILILILILILILI</li>
    </ol>
    <ol id="secondOl">
```

```
            <li>LILILILILILILILI</li>
            <li>LILILILILILILILI</li>
            <li>LILILILILILILILI</li>
        </ol>
    </body>
    </html>
```

例14-5 筛选选择器.html

图14-6 例14-5运行结果

4. 筛选方法

jQuery 筛选方法能进一步丰富选择元素的方式，常用的筛选方法见表 14-4。

表 14-4 筛选方法

筛 选 方 法	作 用
parent()	获取最近一级的上级元素
children()	获取最近一级的下级元素
find()	获取选择器中指定的元素
sibling()	获取相邻的元素
eq(索引号)	获取选择器中第“索引号”一个元素

例 14-6 筛选方法.html，显示在页面上的效果如图 14-7 所示，控制台输出的结果如图 14-8 所示。

```
<!DOCTYPE html>
<html lang="en">
<head>
    <meta charset="UTF-8">
    <meta http-equiv="X-UA-Compatible" content="IE=edge">
    <meta name="viewport" content="width=device-width, initial-scale=1.0">
    <title>筛选方法</title>
    <script src="jquery.min.js"></script>
    <script>
        $(function () {
            console.log($('#smallDiv').parent());
            console.log($('#bigDiv').children());
            console.log($('#smallDiv').find('p').css('color', 'red'));
```

```
            console.log($('#smallDiv').siblings());
            $('li:eq(1)').css('color', 'blue');
        });
    </script>
</head>
<body>
    <div id="bigDiv">
        <div id="middleDiv">
            <div id="smallDiv">
                <p>PP</p>
                <span>SPANSPAN</span>
            </div>
            <div id="littleDiv"></div>
        </div>
    </div>
    <ol>
        <li>LILILILILILILILI</li>
        <li>LILILILILILILILI</li>
        <li>LILILILILILILILI</li>
    </ol>
</body>
</html>
```

例14-6 筛选方法.html

PP

SPANSPAN

1. LILILILILILILILI
2. LILILILILILILILI
3. LILILILILILILILI

图14-7 例14-6运行结果（一）

```
▶ S.fn.init [div#middleDiv, prevObject: S.fn.init(1)]
▶ S.fn.init [div#middleDiv, prevObject: S.fn.init(1)]
▶ S.fn.init [p, prevObject: S.fn.init(1)]
▶ S.fn.init [div#littleDiv, prevObject: S.fn.init(1)]
```

图14-8 例14-6运行结果（二）

5. 样式操作

在 jQuery 中设置样式用方法 css()，这在上面的选择器中已多次使用到。

此外还可以通过类名的方式设置样式，包括添加类样式 addclass()，移除类样式 removeClass() 和切换类样式 toggleClass()。

语法：

```
$('CSS选择器').css('属性');
```

```
$('CSS选择器').css('属性', '属性值');
$('CSS选择器'). addclass('类名');
$('CSS选择器'). removeClass('类名');
$('CSS选择器'). toggleClass('类名');
```

特征：

jQuery 中的添加样式只会追加，与 JavaScript 中添加样式会覆盖原有样式不一样。

例 14-7 样式操作.html，运行结果如图 14-9 所示，能看到切换样式时的三个属性值在发生变化。

```
<!DOCTYPE html>
<html lang="en">
<head>
    <meta charset="UTF-8">
    <meta http-equiv="X-UA-Compatible" content="IE=edge">
    <meta name="viewport" content="width=device-width, initial-scale=1.0">
    <title>样式操作</title>
    <style>
        div {
            width: 100px;
            height: 60px;
            background-color: red;
        }
        .divClass {
            width: 120px;
            height: 50px;
            background-color: green;
        }
    </style>
    <script src="jquery.min.js"></script>
    <script>
        $(function () {
            $('div').click(function () {
                $('div').toggleClass('divClass');
                console.log($('div').css('width'));
                console.log($('div').css('height'));
                console.log($('div').css('background-color'));
            });
        });
    </script>
</head>
<body>
    <div></div>
</body>
</html>
```

例14-7 样式操作.html

```
120px
50px
rgb(0, 128, 0)
100px
60px
rgb(255, 0, 0)
```

图14-9　例14-7运行结果

14.3 jQuery动画

jQuery 作为 JavaScript 库，其中封装了大量动画效果，要使用只需调用对应的方法即可实现，有了 jQuery 动画能大大简化代码开发的步骤，同时提高开发人员的工作效率。

1. 显示隐藏

jQuery 显示隐藏功能的实现有三个方法，分别是 show()、hide()和 toggle()。

语法：

```
$('CSS选择器').show();
$('CSS选择器').hide();
$('CSS选择器').toggle();
```

特征：

在方法中可添加参数（slow、normal、fast 和毫秒数值）控制速度，以及添加执行完动画后的回调函数。

例 14-8 显示隐藏.html，运行结果如图 14-10 所示。

```
<!DOCTYPE html>
<html lang="en">
<head>
    <meta charset="UTF-8">
    <meta http-equiv="X-UA-Compatible" content="IE=edge">
    <meta name="viewport" content="width=device-width, initial-scale=1.0">
    <title>显示隐藏</title>
    <style>
        div {
            width: 137px;
            height: 60px;
            background-color: red;
        }
    </style>
    <script src="jquery.min.js"></script>
    <script>
        $(function () {
```

```
            $('#showBtn').click(function () {
                $('div').show();
            });
            $('#hideBtn').click(function () {
                $('div').hide();
            });
            $('#toggleBtn').click(function () {
                $('div').toggle();
            });
        });
    </script>
</head>
<body>
    <button id="showBtn">显示</button>
    <button id="hideBtn">隐藏</button>
    <button id="toggleBtn">切换</button>
    <div></div>
</body>
</html>
```

例14-8　显示隐藏.html

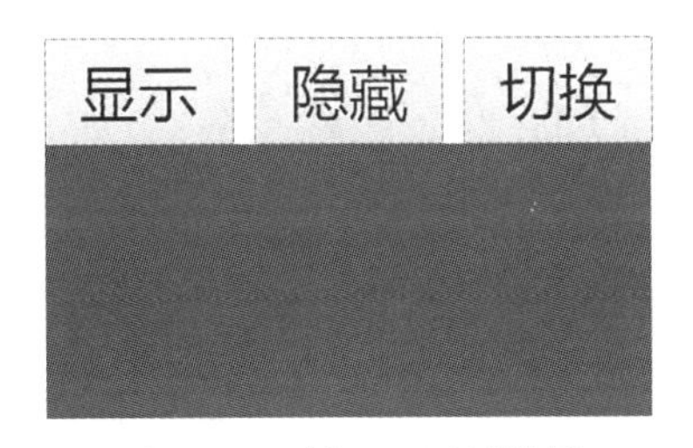

图14-10　例14-8运行结果

图14-10

2. 淡入淡出

jQuery 淡入淡出的实现有方法 fadeIn()、fadeOut()和 fadeToggle()。

语法：

```
$('CSS选择器').fadeIn();
$('CSS选择器').fadeOut();
$('CSS选择器').fadeToggle();
```

特征：

在方法中可添加参数（slow、normal、fast 和毫秒数值）控制速度，以及添加执行完动画后的回调函数。

例 14-9 淡入淡出.html，运行结果如图 14-11 所示。

```
<!DOCTYPE html>
<html lang="en">
<head>
    <meta charset="UTF-8">
    <meta http-equiv="X-UA-Compatible" content="IE=edge">
    <meta name="viewport" content="width=device-width, initial-scale=1.0">
    <title>淡入淡出</title>
```

```
    <style>
        div {
            width: 137px;
            height: 60px;
            background-color: green;
        }
    </style>
    <script src="jquery.min.js"></script>
    <script>
        $(function () {
            $('#fadeInBtn').click(function () {
                $('div').fadeIn(3000);
            });
            $('#fadeOutBtn').click(function () {
                $('div').fadeOut('slow');
            });
            $('#fadeToggleBtn').click(function () {
                $('div').fadeToggle('slow');
            });
        });
    </script>
</head>
<body>
    <button id="fadeInBtn">淡入</button>
    <button id="fadeOutBtn">淡出</button>
    <button id="fadeToggleBtn">切换</button>
    <div></div>
</body>
</html>
```

例14-9　淡入淡出.html

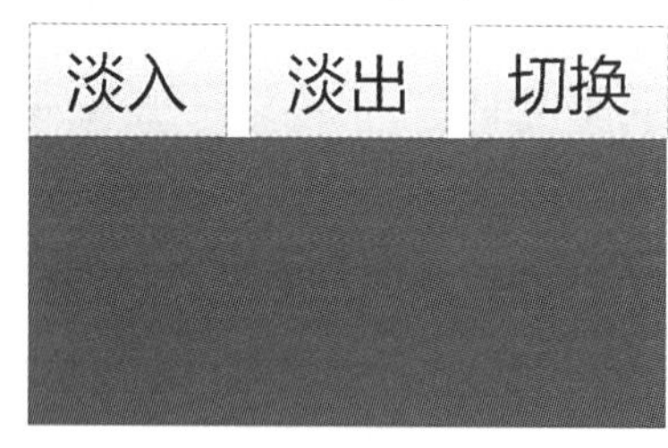

图14-11　例14-9运行结果

3. 滑动

jQuery 滑动效果有三种实现方法，分别是 slideDown()、slideUp()和 slideToggle()。

语法：

```
$('CSS选择器').slideDown ();
$('CSS选择器').slideUp();
$('CSS选择器').slideToggle();
```

特征：

在方法中可添加参数（slow、normal、fast 和毫秒数值）控制速度，以及添加执行完动画后的回调函数。

例 14-10 滑动.html，运行结果如图 14-12 所示。

```
<!DOCTYPE html>
<html lang="en">
<head>
    <meta charset="UTF-8">
    <meta http-equiv="X-UA-Compatible" content="IE=edge">
    <meta name="viewport" content="width=device-width, initial-scale=1.0">
    <title>滑动</title>
    <style>
        div {
            width: 137px;
            height: 60px;
            background-color: blue;
        }
    </style>
    <script src="jquery.min.js"></script>
    <script>
        $(function () {
            $('#slideDownBtn').click(function () {
                $('div').slideDown('fast');
            });
            $('#slideUpBtn').click(function () {
                $('div').slideUp(1000);
            });
            $('#slideToggleBtn').click(function () {
                $('div').slideToggle('slow');
            });
        });
    </script>
</head>
<body>
    <button id="slideDownBtn">向下</button>
    <button id="slideUpBtn">向上</button>
    <button id="slideToggleBtn">切换</button>
    <div></div>
</body>
</html>
```

例14-10　滑动.html

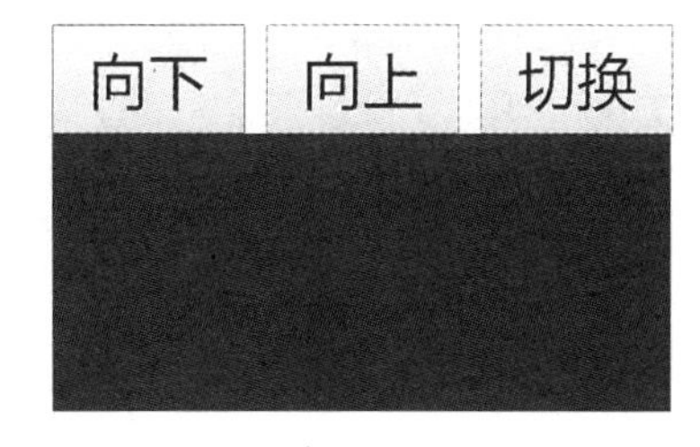

图14-12　例14-10运行结果

4. 动画效果

jQuery 动画效果使用方法 animate()实现，把原有 JavaScript 实现动画的代码块封装起来。

语法：

```
$('CSS选择器').animate();
```

特征：

（1）在方法中添加参数（slow、normal、fast 和毫秒数值）控制速度，以及添加执行完动画后的回调函数。

（2）设置动画的元素，必须有定位属性。

例 14-11 动画效果.html，运行结果如图 14-13 所示。

```
<!DOCTYPE html>
<html lang="en">
<head>
    <meta charset="UTF-8">
    <meta http-equiv="X-UA-Compatible" content="IE=edge">
    <meta name="viewport" content="width=device-width, initial-scale=1.0">
    <title>动画效果</title>
    <style>
        div {
            position: absolute;
            width: 137px;
            height: 60px;
            background-color: purple;
        }
    </style>
    <script src="jquery.min.js"></script>
    <script>
        $(function () {
            $('#animateBtn').click(function () {
                $('div').animate({
                    left: 100,
                    top: 100,
                    opcity: 0.5
                }, 1000);
            });
        });
    </script>
</head>
<body>
    <button id="animateBtn">动画</button>
    <div></div>
</body>
</html>
```

例14-11　动画效果.html

图14-13 例14-11运行结果

14.4 jQuery属性和方法

jQuery 属性的操作有获取和设置，而属性分为元素自带属性，以及元素的自定义属性，此外针对文本值，在 jQuery 中可以通过方法来获取和设置。

1. 自带属性

自带属性即元素本身具备的属性，如表单的 type 属性。

语法：

```
$('CSS选择器').pro('属性');
$('CSS选择器').pro('属性', '属性值');
```

2. 自定义属性

自定义属性就是给元素后来添加的属性，很多时候都是为了满足特定需要才设置的。

语法：

```
$('CSS选择器').attr('属性');
$('CSS选择器').attr('属性', '属性值');
```

例 14-12 属性.html，运行结果如图 14-14 所示。

```
<!DOCTYPE html>
<html lang="en">
<head>
   <meta charset="UTF-8">
   <meta http-equiv="X-UA-Compatible" content="IE=edge">
   <meta name="viewport" content="width=device-width, initial-scale=1.0">
   <title>属性</title>
   <script src="jquery.min.js"></script>
   <script>
      $(function () {
         console.log($('input').prop('type'));
         console.log($('input').attr('xuhao'));
         $('input').attr('xuhao', 999);
         console.log($('input').attr('xuhao'));
      });
   </script>
</head>
<body>
   <input type="text" xuhao="1" />
</body>
```

```
</html>
```

例14-12 属性.html

text

1

999

图14-14 例14-12运行结果

3. 文本值

针对普通标签的文本值，以及表单的文本值，有不同的方法来获取和设置。

语法：

```
$('CSS选择器').html();
$('CSS选择器').html('属性');
$('CSS选择器').text();
$('CSS选择器').text('属性');
$('表单').val();
$('表单').val('属性');
```

例 14-13 文本值.html，运行结果如图 14-15 所示。

```
<!DOCTYPE html>
<html lang="en">
<head>
    <meta charset="UTF-8">
    <meta http-equiv="X-UA-Compatible" content="IE=edge">
    <meta name="viewport" content="width=device-width, initial-scale=1.0">
    <title>文本值</title>
    <script src="jquery.min.js"></script>
    <script>
        $(function () {
            console.log($('div').html());
            $('div').html('divdiv');
            console.log($('div').html());
            console.log($('div').text());
            $('div').text('DIVdiv');
            console.log($('div').text());
            console.log($('input').val());
            $('input').val('密码框');
            console.log($('input').val());
        });
    </script>
</head>
<body>
    <input type="text" value="用户名" />
    <div>
```

```
        DIVDIV
    </div>
</body>
</html>
```

例14-13　文本值.html

DIVDIV

divdiv

divdiv

DIVdiv

用户名

密码框

图14-15　例14-13运行结果

14.5　jQuery事件

jQuery 事件与 JavaScript 一样，都是给指定元素设置事件，要写明具体的事件类型，以及写上事件执行的函数内容，同样明确三部分即可。

1. 设置事件

jQuery 设置事件就是给某个元素设置某种类型的事件内容。

语法：

```
$('CSS选择器').事件类型(function () {
    // 执行的代码块
});
```

例 14-14 设置事件.html，单击“变化”按钮后的结果如图 14-16 所示。

```
<!DOCTYPE html>
<html lang="en">
<head>
    <meta charset="UTF-8">
    <meta http-equiv="X-UA-Compatible" content="IE=edge">
    <meta name="viewport" content="width=device-width, initial-scale=1.0">
    <title>设置事件</title>
    <style>
        div {
            width: 100px;
            height: 40px;
            background-color: red;
        }
    </style>
    <script src="jquery.min.js"></script>
```

```
    <script>
        $(function () {
            $('#btn').click(function () {
                $('#div').css('width', '120px');
                $('#div').css('background-color', 'green');
            });
        });
    </script>
</head>
<body>
    <button id="btn">变化</button>
    <div></div>
    <div id="div"></div>
</body>
</html>
```

例14-14　设置事件.html

图14-16　例14-14运行结果

2. 事件处理

事件的处理方法有三种，分别是绑定事件 on()、解绑事件 off()和一次性事件 one()。

语法：

```
$('CSS选择器').on(事件类型,function () {
    // 执行的代码块
});
```

特征：

（1）on()可以绑定多个事件，多个事件之间用逗号隔开，以对象的形式书写。

（2）on()能给动态创建的元素绑定事件，而直接设置事件的方式是不行的。

例 14-15 绑定事件.html，运行结果如图 14-17 所示。

```
<!DOCTYPE html>
<html lang="en">
<head>
    <meta charset="UTF-8">
    <meta http-equiv="X-UA-Compatible" content="IE=edge">
    <meta name="viewport" content="width=device-width, initial-scale=1.0">
    <title>绑定事件</title>
    <style>
        div {
```

```
            width: 100px;
            height: 40px;
            background-color: yellow;
        }
    </style>
    <script src="jquery.min.js"></script>
    <script>
        $(function () {
            $('#div').on('click', function () {
                $('#div').css('background-color', 'blue');
            });
        });
    </script>
</head>
<body>
    <div></div>
    <div id="div"></div>
</body>
</html>
```

例14-15 绑定事件.html

图14-17 例14-15运行结果

语法：

```
$('CSS选择器').off();
$('CSS选择器').off('事件类型');
```

特征：

off()不加参数，则解绑元素的所有事件，加了参数则解绑指定的事件。

语法：

```
$('CSS选择器').one(事件类型,function () {
    // 执行的代码块
});
```

特征：

one()绑定的事件只执行一次就结束。

3. 事件对象

jQuery 事件中同样有对象，也是用接收参数的方式在函数中使用。

语法：

```
$('CSS选择器').on(事件类型,function (参数) {
    // 执行的代码块
});
```

例 14-16 事件对象.html，运行结果如图 14-18 所示。

```
<!DOCTYPE html>
<html lang="en">
<head>
    <meta charset="UTF-8">
    <meta http-equiv="X-UA-Compatible" content="IE=edge">
    <meta name="viewport" content="width=device-width, initial-scale=1.0">
    <title>事件对象</title>
    <style>
        div {
            width: 100px;
            height: 60px;
            background-color: skyblue;
        }
    </style>
    <script src="jquery.min.js"></script>
    <script>
        $(function () {
            $('div').on('click', function (e) {
                console.log(e.type);
                console.log(e.target);
            });
        });
    </script>
</head>
<body>
    <div></div>
</body>
</html>
```

例14-16　事件对象.html

```
click
  <div></div>
```

图14-18　例14-16运行结果